普通高等教育"十一五"规划教材
PUTONG GAODENG JIAOYU SHIYIWU GUIHUA JIAOCAI

HUANJING BAOHU GAILUN

环境保护概论

主　编　文　博　魏双燕
副主编　牛　微
编　写　郝文峰　刘君哲
主　审　毕孝国

中国电力出版社
http://jc.cepp.com.cn

内 容 提 要

本书为普通高等教育“十一五”规划教材。本书主要内容包括：环境与环境问题的基本概念，当今全球性环境问题和我国的环境问题，可持续发展战略，生态系统的基本知识，环境污染控制技术，环境监测和环境管理等。

本书可作为高等院校非环境专业教材，也可供从事环境保护的管理人员、关注环境保护事业的人员使用。

图书在版编目（CIP）数据

环境保护概论/文博，魏双燕主编. —北京：中国电力出版社，2007

普通高等教育“十一五”规划教材

ISBN 978-7-5083-6032-4

Ⅰ. 环… Ⅱ. ①文… ②魏… Ⅲ. 环境保护-高等学校-教材 Ⅳ. X

中国版本图书馆 CIP 数据核字（2007）第 130747 号

中国电力出版社出版、发行

（北京市东城区北京站西街 19 号 100005 http://jc.cepp.com.cn）

航远印刷有限公司印刷

各地新华书店经售

*

2007 年 8 月第一版 2012 年 7 月北京第六次印刷

787 毫米×1092 毫米 16 开本 9 印张 212 千字

定价 **15.00** 元

前　言

为贯彻落实教育部《关于进一步加强高等学校本科教学工作的若干意见》和《教育部关于以就业为导向深化高等职业教育改革的若干意见》的精神，加强教材建设，确保教材质量，中国电力教育协会组织制订了普通高等教育“十一五”教材规划。该规划强调适应不同层次、不同类型院校，满足学科发展和人才培养的需求，坚持专业基础课教材与教学急需的专业教材并重、新编与修订相结合。本书为新编教材。

随着科学技术的不断进步及世界经济的迅猛发展，人类社会在短短百余年里发生了巨大的变化，但环境污染的日趋加重，公害事件的不断发生，环境问题开始频频困扰人类。人类正遭受着严重的环境问题的威胁。

1972 年联合国人类环境大会的《人类环境宣言》指出：现在已经到达历史上这样一个时刻，人们在决定世界各地的行动时，必须更加谨慎地考虑它们对环境产生的后果。如何保护环境，实现可持续发展成为了国际社会关注的焦点。

作为探讨保护全球环境战略的第一次国际会议，联合国人类环境大会的意义在于唤起了各国政府对环境问题，特别是对环境污染的觉醒和关注。

1992 年联合国环境与发展大会在巴西里约热内卢召开。会议通过了《里约环境与发展宣言》和《21 世纪议程》两个纲领性文件，提出了可持续发展战略。以这次大会为标志，人类对环境与发展的认识上升到了一个崭新的阶段。

保护地球，保护环境，保护人类是每个人的责任与义务。人们应该正确地认识环境，正视环境问题，正确认识可持续发展的重要性，学会合理运用科学技术保护和利用地球资源。希望读者通过对本书的阅读与理解，掌握环境保护的基本知识，增强环境保护意识。

本书编写分工如下：第一章由文博编写；第二章由魏双燕编写；第三章由牛微、文博、郝文峰编写，第四章由刘君哲编写，第五章由魏双燕、文博编写。全书由文博统稿。

本书由沈阳工程学院毕孝国认真审阅并提出宝贵意见，在此表示衷心的感谢。

由于本书所涉及的领域较广，加之编者水平有限，书中难免有疏漏和错误之处，敬请广大读者批评指正。

编者
2007 年 5 月

目　　录

第一章　环境保护与可持续发展

第一节　环境与环境问题的基本概念与分类

一、环境的概念

环境是人类进行生产和生活活动的场所，是人类生存和发展的物质基础。在环境科学中，一般认为环境是指围绕着人群的空间，及其中可以直接、间接影响人类生活和发展的各种自然因素和社会因素的总体。其中自然因素的总体称为自然环境，社会因素的总体称为社会环境。

在世界各国颁布的环境保护法规中规定的环境是指自然环境。《中华人民共和国环境保护法》中明确规定：“本法所称环境，是指影响人类生存和发展的各种天然的和经过人工改造的自然因素的总体，包括大气、水、海洋、土地、矿藏、森林、草原、野生生物、自然遗迹、人文遗迹、自然保护区、风景名胜区、城市和乡村等。

二、环境要素

环境既包括自然界和社会中各种物质性的要素，又包括由这些要素所构成的系统及其所呈现出的状态。构成环境整体的各个独立的、性质不同而又服从总体演化规律的基本物质组分称为环境要素。环境要素可分为自然环境要素和社会环境要素，目前环境科学中研究较多的是自然环境要素，故环境要素通常是指自然环境要素。

自然环境要素主要包括水、大气、生物、土壤、岩石和阳光等要素，由它们组成环境的结构单元，环境的结构单元又组成环境整体或环境系统。如由水组成水体，全部水体总称为水圈；由大气组成大气层，全部大气层总称为大气圈；土壤及其上的植被构成农田、草地和森林等；由岩石构成岩体，全部岩石和土壤构成岩石圈或土壤岩石圈；生物体组成生物群落，全部生物群落总称为生物圈。

三、环境的分类

人类环境由若干个规模大小不同、复杂程度有别、等级高低有序、彼此交错重叠、彼此互相转化变换的子系统组成，是一个具有程序性和层次结构的网络。人们可以从不同的角度或以不同的原则，按照人类环境的组成和结构关系将它进行不同的分类。通常以环境范围的大小、环境的主体、环境的要素、人类对环境的作用以及环境的功能等进行分类。

例如按环境的范围，由近及远可分为：

（一）聚落环境

聚落环境是人类聚居的地方与活动的中心。它可分为院落环境、村落环境和城市环境。

（二）地理环境

地理环境是围绕人类的自然现象及人文现象的总体，分为自然地理环境和人文地理环境。自然地理环境位于地球的表层，即由岩石圈、水圈、土壤圈、大气圈和生物圈组成的相互制约、相互渗透、相互转化的交错带。自然地理环境是环境科学的重点研究对象。

（三）地质环境

地质环境是指自然地理环境中除生物圈以外的部分。它能为人类提供丰富的矿物资源。

（四）宇宙环境

环境科学中宇宙环境是指地球大气圈以外的环境，又称星际环境。

四、环境问题的概念

所谓环境问题是指全球环境或区域环境中出现的，由于自然原因或人类的活动使环境质量下降或生态系统失调，对人类的社会经济发展、健康和生命产生有害影响的现象。

五、环境问题分类

环境问题大致可分为原生环境问题和次生环境问题两类。

（一）原生环境问题

原生环境问题是指由于自然力引起的环境问题，也称为第一环境问题。多以自然灾害的形式出现。如火山喷发、地震、洪涝、干旱和泥石流等。

（二）次生环境问题

次生环境问题是指由于人类活动而引起的生态破坏和环境污染，也称为第二环境问题。

生态破坏是指人类活动直接作用于自然生态系统，造成生态系统的生产能力显著下降和结构显著改变，从而引起的环境问题，如过度放牧引起草原退化，滥采滥捕使珍惜物种灭绝和生态系统生产力下降，植被破坏引起水土流失等。引起生态环境破坏的主要原因是由于不合理开发和利用自然资源，超出环境承载能力，使生态环境质量恶化或自然资源枯竭。

环境污染则指人类活动的副产品和废弃物进入物理环境后，对生态系统产生的一系列扰乱和侵害，特别是由此引起的环境质量的恶化反过来又影响了人类自己的生活质量。造成环境污染的原因主要是人口激增，城市化进程加快和工业、农业的高速发展。

第二节 当代全球环境问题

一、环境问题回顾

环境问题的产生与发展伴随着人类的出现与发展，人类在利用环境的过程中产生了各种各样的环境问题，环境问题的发展过程可以分为三个阶段。

（一）第一阶段（人类出现～18 世纪 60 年代）

人类诞生后的漫长的发展过程中，主要以利用环境为主，采集自然生长的植物、果实，捕渔、放牧等，对环境的影响不大。随着人口的自然增长，改造环境的行动的深入，大量砍伐森林、破坏草原和盲目的滥用资源、过度采集和渔牧，出现了早期的环境问题。主要表现为水土流失、自然灾害频繁等。这一时期的环境问题是局部性、短期性、个别性的环境问题。

（二）第二阶段（18 世纪 60 年代～20 世纪 50 年代）

18 世纪的工业革命，使机器得到广泛利用。人类经历了发展史上的重要转折，社会生产力得到迅速发展。同时矿产资源和自然资源被大规模地开发，工业化和城市化所产生的“三废”大量进入环境，逐步积累到超过自然环境的最大承受能力，从而造成环境污染和环境破坏。

1873 年至 1892 年 2 月，英国伦敦多次发生有毒烟雾事件。19 世纪后期，日本足尾铜矿区排出的废水污染了大片农田。1930 年 12 月，比利时马斯河谷工业区由于工厂排出大量有害气体，在逆温条件下造成了严重的大气污染事件等。

20世纪50年代以后，环境问题出现了第一次高潮。震惊世界的公害事件接连不断，1952年12月的伦敦烟雾事件，1953～1956年日本的水俣病事件，1961年的日本四日市哮喘病事件，1955～1972年的骨痛病事件等，这次环境问题高潮主要是由于人口迅猛增加，都市化的速度加快引起的。

背景资料1-1

伦敦烟雾事件

1952年12月5日至8日，英国首都伦敦市上空烟雾弥漫，煤烟粉尘积蓄不散，几乎所有市民感到胸口窒闷，并有咳嗽、喉病、呕吐等症状，当天伦敦的死亡率出现上升，到第3、4天，情况更趋严重，发病率和死亡率剧增。从12月5日到12月8日的4天里，伦敦市死亡人数达到4000人。尤以48岁以上者死亡最多，约为平时的3倍；1岁以下幼儿的死亡率也增加1倍。在烟雾笼罩的一周内，伦敦市因支气管炎死亡达704人，冠心病死亡281人，心脏衰竭死亡244人，结核病死亡77人，分别为一周前的9.5、2.4、2.8和5.5倍。此外，肺炎、肺癌、流感以及其他呼吸疾病的死亡率也成倍增长。

背景资料1-2

日本的水俣病事件

1956年，日本水俣湾附近发现了一种奇怪的病。这种病症最初出现在猫身上，被称为“猫舞蹈症”。病猫步态不稳、抽搐、麻痹，甚至跳海死去，被称为“自杀猫”。随后不久，此地也发现了患这种病症的人。患者由于脑中枢神经和末梢神经被侵害，轻者口齿不清、步履蹒跚、面部痴呆、手足麻痹、感觉障碍、视觉丧失、震颤、手足变形，重者神经失常，或酣睡，或兴奋，身体弯弓高叫，直至死亡。这种“怪病”就是日后轰动世界的“水俣病”，是最早出现的由于工业废水排放污染造成的公害病。“水俣病”的罪魁祸首是当时处于世界化工业尖端技术的氮生产企业。然而，这个“先驱产业”肆意的发展，却给当地居民及其生存环境带来了无尽的灾难。

（三）第三阶段（20世纪80年代至今）

当代环境问题伴随着环境污染和大范围生态破坏，20世纪80年代初开始出现。主要的环境问题有三类：一是全球性的大气污染，如气候变暖、臭氧层破坏等；二是大面积生态破坏，如大面积森林被毁、草场退化、土壤侵蚀和沙漠化；三是突发性的严重污染事件迭起，如印度博帕尔农药泄漏事件、苏联切尔诺贝利核电站泄漏事故、莱茵河污染事故、美国阿拉斯加海域出现的特大油轮泄漏事故等。这些全球性大范围的环境问题严重威胁着人类的生存和发展。如表1-1所示，列出了20世纪全球性的公害事件。

表1-1　20世纪全球公害事件

公害事件	污染物	发生地与时间	中毒状况与症状	致害原因
马斯河谷烟雾事件	烟尘、SO_2	1930年12月，马斯河谷工业区	咳嗽、流泪、恶心、呕吐；几千人发病，60人死亡	污染物进入肺部深处；逆温天气，工业污染物聚集，遇雾
多诺拉烟雾事件	烟尘、SO_2	1948年10月，美国宾西法尼亚多诺拉镇	咳嗽、流泪、腹痛、喉痛；4天内42%居民患病，17人死亡	污染物生成硫酸进入肺部；逆温天气，工业污染物聚集，遇雾

续表

公害事件	污染物	发生地与时间	中毒状况与症状	致害原因
伦敦烟雾事件	烟尘、SO_2	1952年2月，伦敦	咳嗽、呕吐、喉痛；5天死亡4000人	污染物进入肺部；逆温天气，工业污染物聚集
洛杉矶光化学烟雾事件	光化学烟雾	1943年5月～10月，洛杉矶	刺激眼鼻喉，引起眼病、喉头炎；65岁老人死亡400人	光化学烟雾、市区空气水平流动缓慢
水俣事件	甲基汞	1953年日本水俣镇	口齿不清、步履蹒跚、面部痴呆、神经失常；病者180余人，死亡50人	甲基汞被鱼吃后被人使用、甲基汞毒水、废渣排入水体
富山事件	镉	1931年～1972年，日本富山县	关节痛、神经痛和全身骨痛，骨骼软化；患者280人，死亡34人	练锌厂未经处理含镉废水排入河流，人喝了被污染水
四日事件	SO_2、重金属粉尘	1955年日本四日市	支气管炎、肺气肿；患者500多人，36人死亡	重金属粉尘进入肺部，工厂排放大量粉尘及SO_2，含有钴、锰、钛等
米糠油事件	多氯联苯	1968年	眼皮肿、常出汗、全身红疙瘩、肝功能下降、肌肉痛、咳嗽不止；患者5000多人，死亡16人	用多氯联苯作热载体，管理不善进入米糠油中，人食用米糠油
维索化学污染	化学品	1976年意大利北部	多人中毒，婴儿畸形	农药爆炸，二恶英污染
阿摩柯卡的斯油轮泄漏	原油	法国西北部布列塔尼半岛	藻类、湖间带动物、海鸟灭绝	22万吨原油入海
三哩岛核电站泄漏	核辐射	美国宾西法尼亚	周围80km、200万人极度不安	核反应堆失水
博帕尔农药泄漏	化学品	印度中央邦博帕尔	1408人死亡、2万人严重中毒、15万人接受治疗	45t异氰酸甲脂泄漏
切尔诺贝利核电站泄漏	核辐射	前苏联乌克兰	31人死亡、203人受伤、13万人疏散	4号反应堆机房爆炸
莱茵河污染	化学品	瑞士巴塞市	事故段生物绝迹、160km鱼类死亡、480km不能饮用	化学公司仓库起火，1250t剧毒农药、毒物随灭火剂进入莱茵河
埃克森·瓦尔迪兹油轮泄漏	原油	美国阿拉斯加	海域严重污染	漏油26万桶

背景资料 1-3

切尔诺贝利核电站泄漏事故

1986年4月26日，位于前苏联乌克兰地区基辅以北130km的普里皮亚特市的核电站，发生了自1945年日本遭受美国原子弹袭击以来全世界最严重的核灾难。这就是震惊世界的切尔诺贝利核电站核泄漏事故。

当日凌晨1时许，随着一声突然的震天动地的巨响，火光四起，烈焰冲天，火柱高达30多米。爆炸源是4号反应堆，其厂房屋顶被炸飞、墙壁坍塌。大量的碘和铯等放射性物质外泄，使周围环境的放射剂量高达200伦琴/小时，为允许指标的2万倍，1700多吨石墨成了熊熊大火的燃料，火灾现场温度高达 2000℃以上。救援直升机向 4 号反应堆投放了 5000t 降温和吸收放射性元素的物质，并通过遥控机械为反应堆修筑了高达几米以上的绝缘罩。爆炸致使 299 人受到大剂量辐射，19 人死亡，179 人送医院治疗。

此外，泄漏的放射性物质形成了放射云，随东南风飘至北欧上空，给北欧诸国带来了核污染。一段时间内，对许多国家造成了社会恐慌，人们谈核色变，纷纷采取应急措施。如对农产品进行核辐射检验等。甚至影响到了美国，人们争相抢购陈粮冻肉。

这起核事故造成了巨大的经济损失。由于爆炸，使附近的四座 100 万瓦的核电站全部被迫停止运转，前苏联核电供应量为此减少了 10%。芬兰、埃及等国取消了原与前苏联签定的核设备订单，损失估计有近百亿美元。苏联的两大粮仓乌克兰和白俄罗斯地区也受到不同程度的核污染，粮食和甜菜产量受到很大影响。另外，事后的清理工作，估计也花费了几十亿美元。

核污染造成的后遗症，其代价更是难以估计。据一些西方专家估计，这一事故将给数百万苏联人埋下致命祸根。3 年后，科学家的预言得到了证实，核电站 50km 范围内的癌症患者、儿童甲状腺患者及畸形家畜和植物（如体格硕大的老鼠，苞蕾异常肥大的花菜）等急剧增加。“切尔诺贝利综合症”正在蔓延。

背景资料 1-4

莱茵河水污染

1986 年 11 月 1 日深夜，瑞士巴富尔市桑多斯化学公司仓库起火，装有 1250t 剧毒农药的钢罐爆炸，硫、磷、汞等毒物随着百余吨灭火剂进入下水道，排入莱茵河。警报传向下游瑞士、德国、法国、荷兰四国 835km 沿岸城市。剧毒物质构成 70km 长的微红色飘带，以 4km/h 速度向下游流去，流经地区鱼类死亡，沿河自来水厂全部关闭，改用汽车向居民送水，接近海口的荷兰，全国与莱茵河相通的河闸全部关闭。次日，化工厂有毒物质继续流入莱茵河，后来用塑料塞堵下水道。8 天后，塞子在水的压力下脱落，几十吨含有汞的物质流入莱茵河，造成又一次污染。11 月 21 日，德国巴登市的苯胺和苏打化学公司冷却系统故障，又使 2t 农药流入莱茵河，使河水含毒量超标准 200 倍。这次污染使莱茵河的生态受到了严重破坏。

二、当代全球环境问题

温室效应、臭氧层破坏、森林破坏与生物多样性减少、大气及酸雨污染、土地退化与荒漠化、国际水域与海洋污染等是当代主要全球环境问题。

（一）温室效应

1. 温室效应

地球的温度是由太阳能辐射到地球表面的能量速率和吸热后的地球向空间发射红外辐射能量的速率决定的。大气中的化学物质对于太阳的短波辐射产生光吸收。其中最重要的光吸收物质是氧气分子和臭氧分子。氧气分子主要吸收波长小于 240nm 的短波紫外光能量，同时分解为两个氧原子。臭氧分子（O_3）能吸收有三个谱带分别为 200～300nm、300～360nm 和 400～850nm 的紫外光能量，分解为氧原子和氧分子。当太阳辐射自外层空间到达大气层时，波长小于 100nm 的紫外光在地表上空约 100km 的高度被 N_2、O_2、N 和 O 几乎完全吸收，距地表 50～100km 高度范围内的 O_2 将太阳辐射中波长小于 200nm 的部分吸收。从

50km 向下自 25～30km 的高度内，O_3 吸收波长小于 310nm 的绝大部分紫外光。

在吸收太阳辐射的同时，地球本身也向外层空间辐射热量。地球的热辐射以 3～30μm 的长波红外线为主。与太阳的短波辐射不同，当这样的长波辐射进入大气层时，最主要的光吸收物质为分子量更大、极性更强的 CO_2 和 H_2O 等分子。由于红外射线的能量较低，不足以导致分子键能的断裂。因此，CO_2 和 H_2O 等气体分子对红外辐射的吸收无化学反应的发生。气体吸收长波辐射并再反射回地球，从而减少向外层空间的能量传递，相当于在地球和外层空间之间形成一个绝热层，这种大气中的 CO_2 和 H_2O 等微量组分对地球长波辐射的吸收作用使近地面热量得以保持，从而导致全球气温升高的现象被称为“温室效应”，这些微量组分就称为温室气体。除 CO_2 和 H_2O 外，重要的温室气体还包括甲烷（CH_4）、臭氧（O_3）、氧化亚氮（N_2O）、氟氯烃类（CFCs）等。

很明显，地球存在一个天然的温室效应，温室气体对地球红外辐射的吸收作用形成了对地球生物最适宜的环境温度，从而使得生命能够在地球上生存和繁衍。在天然温室效应中，H_2O 的贡献超过 60%，CO_2 也有重要的贡献。

2. 温室效应与人类活动

人类活动使大气的化学成分不断发生改变，进而导致气候发生变化。而大气化学成分的变化主要体现在温室气体的浓度不断增加。20 世纪以来所进行的一些科学观测表明，大气中各种温室气体的浓度都在增加。

从工业革命开始到现在，二氧化碳（CO_2）、甲烷（CH_4）和氧化亚氮（N_2O）分别比工业革命化前增加了 31%、151%和 17%（2001，IPCC）。对流层臭氧（O_3）的浓度也有所增加。另外，工业化时期以前的大气中不存在的一些温室气体，尤其是卤化烃气体，也达到了一定的浓度。有确切的证据表明，人类活动是温室气体浓度增加的主要原因。

3. 温室效应与全球气候

联合国世界气象组织和环境规划署 1988 年 11 月建立的政府间气候变化委员会（IPCC），在 2001 年出版的第三次评估报告对全球的气候变化的评估意见中指出：

（1）大气中温室气体的浓度明显增加。大气中 CO_2 浓度达 368ppmv，可能是过去 42 万年的最高值。

（2）1860 年以来地球表面的平均温度已经升高了 0.6±0.2℃。近百年来最暖的年份均出现在 1983 年以后。20 世纪北半球温度增幅可能是过去 1000 年中最高的。

（3）近百年来，降水分布发生了变化。大陆地区，尤其是中高纬度地区降水增加，非洲等一些地区降水减少。有些地区极端天气气候事件（厄尔尼诺现象、干旱、洪涝、雷暴、冰雹、风暴、高温天气和沙尘暴）的出现频率与强度增加。

（4）如果不改变主要温室气体 CO_2、CH_4 及 N_2O 排放的趋势，由于大气中主要温室气体浓度增加，考虑到温室气体和气溶胶的共同作用，到 2100 年时温度将比 1990 年上升 1.4～5.8℃，这一增温值将是 20 世纪内增温值的 2～10 倍，可能是近 1 万年中增温最显著的速率。

（5）全球海平面到 2010 年时将比 1990 年上升 0.09～0.88m，并且各个区域的上升值将出现较大差异。

（6）北半球雪盖和海冰范围将进一步缩小。

（7）一些极端事件如高温天气、强降水、热带气旋强风等发生频率将会增加。

尽管上述气候变化预测结果给出的只是一种可能的变化趋势和方向，还有一定的不确定性，但全球气候变化会对农业、林业、水资源和沿海地区等领域或部门造成较大影响，给人类带来难以估量的损失。值得人们认真地思考。

（二）臭氧层破坏

1. 臭氧层与破坏状况

臭氧是由三个氧原子组成的同素异形体，略带臭味，因此被称为臭氧。它具有极强的氧化性。在日常生活中常用臭氧来消毒饮用水或用作漂白剂，不会遗留任何有害残余物质。臭氧是组成大气的微量气体之一，它的含量只占大气的亿分之一，约相当于地面大气几个毫米的厚度。臭氧主要分布在15～50km的高空大气层，最大密度出现在16～26km的高度范围内，人们称之为臭氧层。臭氧层中的臭氧浓度随季节而变化，一般是春季最少。

近30年来，人们逐渐认识到平流层大气中的臭氧正在遭受着越来越严重的破坏。1985年，英国科学家Farmen等人总结他们在南极Halley Bay观测站近10年的观测结果，发现近10年来，每年早春（南极10月份）总臭氧浓度的减少超过30%。同时每到春天南极上空的平流层臭氧都会发生急剧的大规模的损耗。极地上空臭氧层的中心地带的臭氧层已极其稀薄，像是形成了直径上千千米的臭氧层空洞。卫星观测表明，臭氧层空洞的覆盖面积不断变化：1994年，人们首次观察到了当时最大的臭氧空洞，它的面积相当于一个欧洲，有2400万平方千米；2003年，人们观察到的臭氧空洞面积为2800万平方千米，相当于四个澳洲。进一步地研究和观测还发现，臭氧层的损耗不只发生在南极，在北极上空和其他中纬度地区也都出现了不同程度的臭氧层损耗现象。尽管在北极没有发现类似南极臭氧层空洞，但北极地区在一月至二月的时间，臭氧层的臭氧损耗约为10%，北纬60°～70°范围的臭氧层浓度的破坏为5%～8%。

2. 臭氧层破坏的原因

当臭氧破坏与产生相对平衡时，臭氧的浓度是基本稳定的，臭氧层的厚度也是相对稳定的。但如果平流层中的氯原子自由基和溴原子自由基增加，打破了平衡，使臭氧损耗的速度超过了生成速度，臭氧的浓度就会下降。

当氟氯烃类（CFCs）和哈龙（Halons）被释放进入大气后，风使之在对流层内与空气高效混合，并在对流层内均匀分布。CFCs和Halons在对流层十分稳定，不能通过一般的大气化学反应或降雨去除，经过几年的时间，这些化合物进入到平流层，风将它们从低纬度地区向高纬度地区输送。

在平流层内，强烈的紫外线照射使CFCs和Halons分子发生分解，释放出高活性原子态的氯和溴自由基。氯原子自由基和溴原子自由基就是破坏臭氧层的主要物质，它们对臭氧的破坏以下列方式进行：

$$Cl(Br) + O_3 \longrightarrow ClO(BrO) + O_2$$

$$ClO(BrO) + O \longrightarrow Cl(Br) + O_2$$

臭氧被转变成氧气，同时生成氯原子自由基和溴原子自由基，使之能大量地复制，从而导致臭氧浓度的降低。有文献表明，一个氯原子自由基可以破坏10万个臭氧分子，而由Halons释放的溴原子自由基对臭氧的破坏力是氯原子的30～60倍。而且氯原子自由基和溴原子自由基之间还存在协同作用，即当二者同时存在时，破坏臭氧的能力大大增强。

有研究表明，上述的均相化学反应并不能解释南极臭氧空洞形成的全部过程。南极臭氧空洞形成还存在空气动力学过程参与的非均相催化反应过程。与南极的极冷天气使空气下沉形成极地漩涡和极其干燥空气成云有关。当云滴成长沉降后，平流层中的破坏臭氧的物质不断累积，当春天南极紫外光增加时，化学反应增强，进而形成空洞。当更多的太阳光到达南极后，南极地区的温度上升，气象条件发生变化，南极涡旋逐渐消失，南极地区臭氧浓度极低的空气传输到地球的其他高纬度和中纬度地区，造成全球范围的臭氧浓度下降。

北极也发生与南极同样的空气动力学和化学过程。研究发现，北极地区在每年的一月至二月生成北极涡旋，并发现有北极平流层云的存在。但由于北极涡旋的温度远比南极高，而且北极平流层的云量也比南极少得多。因此，目前北极的臭氧层破坏还没有达到出现又一个臭氧空洞的程度。

CFCs 和 Halons 等具有很长的大气寿命，一旦进入大气就很难去除，这意味着它们对臭氧层的破坏会持续一个漫长的过程。臭氧层正受到来自人类活动的巨大威胁。

3. 臭氧层破坏的危害

臭氧层的破坏对人类健康和生态环境带来多方面的危害，具体表现在对人类健康、陆生植物、水生生态系统、生物化学循环、材料以及对流层大气组成和空气质量等方面的影响。

(1) 对人体健康的影响。阳光紫外线的增加对人类健康有严重的危害作用。潜在的危险包括引发和加剧眼部疾病、皮肤癌和传染性疾病。已有研究表明，长期暴露于强紫外线的辐射下，会导致细胞内的 DNA 改变、人体免疫系统的机能减退、人体抵抗疾病的能力下降。

(2) 对陆生植物的影响。臭氧层损耗对植物危害的机制，目前还没有对人体健康的影响清楚。但研究表明，在已经研究过的植物品种中，超过 50%的植物有来自紫外线的负影响。

(3) 对水生生态系统的影响。世界上 30%以上的动物蛋白来自海洋，满足人类的各种需求。对南极臭氧空洞范围内和臭氧空洞以外地区的浮游植物生产力进行比较的结果表明，浮游植物生产力下降与臭氧减少造成紫外线辐射增加直接有关。

(4) 对生物化学循环的影响。阳光紫外线的增加会影响陆地和水体的生物地球化学循环，从而改变“地球——大气”这一巨大系统中一些重要物质在地球各圈层中的循环。

(5) 对材料的影响。因平流层臭氧损耗导致阳光紫外线辐射的增加，会加速建筑、喷涂、包装及电线电缆等所用材料尤其是高分子材料的降解和老化变质。特别是在高温和阳光充足的热带地区，这种破坏作用更为严重。

(6) 对流层大气组成及空气质量的影响。平流层臭氧减少的一个直接结果是使到达低层大气的紫外线辐射增加，由于紫外线的高能量，这一变化导致对流层的大气化学反应更加活跃。在污染地区，如工业和人口稠密的城市，氮氧化物浓度较高，紫外线的增加会促进对流层臭氧和其他相关的氧化剂，如过氧化氢等的生成，使得一些城市地区臭氧超标率大大增加。而与这些氧化剂的直接接触会对人体健康、陆生植物和室外材料等产生各种不良影响。

(三) 生物多样性锐减

生物多样性是地球上生命经过几十亿年发展进化的结果，是人类赖以生存的物质基础。然而随着人口的迅速增长，人类经济活动的不断加剧，作为人类生存最为重要的物质基础的生物多样性受到了严重的威胁。

1. 生物多样性的概念与层次

生物多样性是指所有来源生物之间的差异，包括遗传多样性、物种多样性和生态系统多样性三个层次。

（1）遗传多样性。遗传多样性是指种内基因的变化，包括种内显著不同的种群间和同一种群内的遗传变异，亦称为基因多样性。种内的多样性是物种以上各水平多样性的最重要来源。遗传变异、生活史特点、种群动态及其遗传结构等决定或影响着一个物种与其他物种及其环境相互作用的方式。而且种内的多样性是一个物种对人为干扰进行成功反应的决定因素。种内的遗传变异程度也决定其进化的潜势。遗传变异程度是基因多样性的外在表现。遗传变异越丰富，物种对环境的适应能力越强，分化的品种、亚种也越多。遗传多样性是改良生物品质的源泉。所有的遗传多样性都发生在分子水平，并且都与核酸的理化性质紧密相关。新的变异是突变的结果。

自然界中存在的变异源于突变的积累，这些突变都经受过自然选择，一些中性突变通过随机过程整合到基因组中。上述过程形成了丰富的遗传多样性。遗传多样性对任何物种维持和繁衍其生命、适应环境、抵抗不良环境灾害都是十分必要的。

（2）物种多样性。物种多样性是指地球上动物、植物、微生物等生物种类的丰富程度。物种多样性包括两个方面，其一是指一定区域内的物种丰富程度，可称为区域物种多样性；其二是指生态学方面的物种分布的均匀程度，可称为生态多样性或群落物种多样性。物种多样性是衡量一定地区生物资源丰富程度的一个客观指标。

在分析物种多样性丰富程度时，最常用的指标是区域物种多样性。区域物种多样性的测量有三个指标：①物种总数，即特定区域内所拥有的特定类群的物种数；②物种密度，指单位面积内的特定类群的物种数目；③特有种比例，指在一定区域内某个特定类群特有种占该地区物种总数的比例。

上述三个指标决定着一个地区物种多样性的高低。自然生态系统中的物种多样性在很大程度上可以反映出生态系统的现状和发展趋势。通常健康的生态系统往往物种多样性较高，退化的生态系统则物种多样性较低。

（3）生态系统多样性。生态系统多样性是指生物圈内生境、生物群落和生态过程的多样化，以及生态系统内生境差异、生态过程变化的惊人的多样性。此处的生境主要是指无机环境，如地貌、气候、土壤、水文等。生境的多样性是生物群落多样性，甚至是整个生物多样性形成的基本条件。生物群落的多样性主要指群落的组成结构和动态方面的多样性。生物群落的多样性可以反映生态系统类型的多样性。

2. 生物多样性的价值

生物多样性对人类的贡献主要体现在直接价值和间接价值两个方面。

（1）直接价值。人类的食物几乎完全取自生物资源，人类历史上约有3000种植物被用作食物，另有75000种可食性植物，当前被人类种植的有150余种。但目前人类90%的粮食来源于约20种植物，仅小麦、水稻和玉米三个物种就提供了70%以上的粮食，而且还是单一型或遗传基础狭窄的品种。在中国，粮食作物主要为小麦、玉米、水稻、大豆，与世界其他地区相同。

全球的食物蛋白质来源于牛、羊、猪、鸡、鸭等少数几种畜禽。全世界每年生产的水产品其中一半以上来源于天然捕捞的这些产品。有的直接上市供人类食用，也有的作为养殖饲料间接地为人类提供动物蛋白质。在不发达的国家或地区，人们还相当依赖获取野生动植物作为食物。除直接为人类提供食物外，野生生物还在其他方面为人类生活作出了巨大的贡献。野生遗传资源被用来改良家畜、家禽和农作物，每年价值达到数十亿美元。美国国民生产总值的4.5%应归功于野生物种。1976～1984年期间，收获的野生资源对国民生产总值的贡献平均高达876亿美元/年。

生物多样性与人类医疗保健的关系密切，发展中国家80%的人口靠传统药物进行治疗，发达国家40%以上的药物依靠自然资源。尽管现代许多药品是化学合成的，但其原材料却取自野生生物。美国14%的药物中包含有活性植物成分。中国利用野生生物入药已有数千年历史，记载的药用植物有5000多种，其中1700种为常用药物。相当多的动物提供了重要的药物，如水蛭素是珍贵的抗凝剂，蜂毒可治疗关节炎，某些蛇毒制剂能控制高血压，斑蝥素可以治疗某些癌症等。

生物多样性还为人类提供多种多样的工业原料，如木材、纤维、橡胶、造纸原料。

（2）间接价值。生物多样性的间接价值主要是维持生态平衡和稳定。主要包括：

1）植物通过光合作用将太阳能储藏起来，从而形成食物链中能量流的来源，为绝大多数物种的生存提供能量基础。

2）保护水源，维持水体的自然循环，减弱旱涝。据测算，天然降雨落到森林地带，降雨量的15%～30%被茂密的林冠截留，其他50%～80%雨水被林地上的生物凋落物和森林土壤吸收，雨后再缓缓以泉水形式释放，调节河流汛期和枯期流量。1万m^2森林至少可以储蓄3000m^3的水，营造30万km^2森林，相当于修建一座库容100万m^3的水库。

3）调节气候。森林消失不仅对局部，而且对全球的气候都会产生影响。对农业生产和生态环境造成不良后果。中国云南省植胶区由于用单一人工林替代天然林，20年来温差增加了11.5℃，冷季温度降低，暖季温度升高，年降雨量减少100～200mm，雾日减少20～30天，大风日增加6～8天，雷暴天气增加10～60天。

4）防止水土流失，减轻泥石流、滑坡等自然灾害。中国科学院西北水土保持研究所观测到在降雨量346mm时，林地上1万m^2泥沙冲刷量为60kg，草地为93kg，农耕地为3570kg，而农闲地高达6750kg。在中国海南岛尖峰岭林区森林破坏后一年内，地表径流量增加5～6倍，水土流失量为105m^3/万m^2，高达破坏前的7倍。含沙量是林地的20倍，有2cm的表土被冲走。在海岸带森林可以减轻台风的破坏作用，森林还能减轻泥石流和滑坡。

5）吸收和分解环境中的有机废物、农药和其他污染物。如邻近都市的湿地是有效的天然污水处理中心，这些湿地起到高效氧化塘的作用。森林有吸收二氧化碳和一些有害气体，释放氧气净化大气的作用。

6）为人类身心健康提供良好的生活和娱乐环境，良好的自然景观为人类提供了居住、游乐和休养的场所。

7）基因物种及生态系统的多样性为人类社会适应自然变化提供了选择的机会和原材料。生物多样性消失将会削弱人类适应自然变化的能力，保护好生物多样性有利于人类更好地适应未来环境，开辟新的养殖动物和种植植物物种，发现和提取新的药物，为畜禽及农作物品种改良提供遗传物质控制并为治疗疾病等方面提供更多的机会。

3. 生物多样性锐减

全球生物多样性正在以空前的速率发生改变，这种改变的最重要因素是栖息地减少、气候变化、污染、对自然资源的掠夺性获取以及外来物种的引入等。这些因素在各生态系统之间的相对重要性不同。如土地覆被对热带森林至关重要，而在温带、北方及北极地区则不是很重要；大气氮沉积在北温带靠近城市的地方是最重要的；外来物种引入与人类的活动特点有关，不受人类干扰的地方很少获得外来物种。

生物多样性的锐减最主要的体现是在物种的下降和丧失。例如，尽管没有获得足够的资料来精确判断在过去 30 年里有多少个物种已经灭绝，但自 1970 年以来，新近灭绝生物委员会在 2001 年所保存的数据库将 58 种鱼类和 1 种哺乳动物列为灭绝物种；国际鸟类组织的评估表明，1970 年以来已有 9 种鸟类灭绝。

（四）土地退化与荒漠化

地球的陆地面积 1.4 亿 km^2，接近其表面积的 1/3。但陆地资源是有限的、脆弱的和不可再生的，其中包括对农业发展非常重要的土壤、对环境非常重要的土地覆被和作为人类居住和福利的重要组成部分的景观。土地除了作为动植物生命的支持系统和工业生产的基础以外，还有助于保护地球上的生物多样性、调节水循环、碳存储和循环及其他生态系统。土地还作为初级原料的存储地、固态与液态废物的堆放地和人类居住与交通活动的基础。

土地退化是指由于一种或多种营力结合以及不合理土地利用，导致旱农地、灌溉农地、牧场和林地生物或经济生产力和复杂性下降及丧失，其中包括人类活动和居住方式所造成的土地生产力下降，例如，土地的风蚀、水蚀，土壤的物理化学和生物特性的退化和自然植被的长期丧失。

1992 年联合国环境与发展大会对荒漠化进行了定义，指出“荒漠化是由于气候变化和人类不合理的经济活动等因素，使干旱、半干旱和具有干旱灾害的半湿润地区的土地发生了退化”。荒漠化定义已得到联合国多次荒漠化国际公约政府间谈判会议的确认，并将这个定义列入《21 世纪议程》。联合国亚洲及太平洋经济社会委员会结合亚太地区情况认为：“荒漠化应包括湿润半湿润地区由于人为活动引起的向着类似荒漠化景观的环境变化过程”。

可以说土地退化是土地荒漠化的前提，土地荒漠化是土地退化和气候变化发展到一定程度的结果。

1. 土地退化现状

土地退化导致土地生产能力大大削弱，土地退化的主要原因是人类活动，如不可持续的农业土地利用、落后的土壤和水资源管理方式、森林砍伐、自然植被破坏、大量使用重型机械、过度放牧及落后的轮作方式和灌溉方式。自然灾害，如干旱、洪水和滑坡也可造成土地退化。土地退化的主要类型有水蚀（56%）、风蚀（28%）、化学退化（12%）和自然退化（4%）。

据估计，有 23%的所有可用土地（如不包括山区和沙漠）受土地退化的影响产量降低。在 20 世纪 90 年代早期，有大约 910 万 km^2 的土地被划分为中度退化，这些土地的农业生产能力受到很大削弱。有 305 万 km^2 的土地介于严重退化（296 万 km^2）和极度退化（9 万 km^2）之间，“极度退化”的土地已不能恢复。

2. 荒漠化现状

荒漠化是当今世界最严重的环境与社会经济问题。联合国环境规划署全球荒漠化状况评估结果指出，全球干旱陆地不包括极度干旱的沙漠大约有 3600km^2 或 70%的土地退化。约占全球陆地面积的 1/4，全世界受荒漠化影响的国家有 110 多个，约 10 亿人。荒漠化面积以每年 5～7 万平方千米的速度扩大。到 20 世纪末，全球已损失 1/3 可耕地。

非洲大陆有世界上最大的旱地，大约是 0.2 亿 km^2，占非洲陆地总面积的 65%。最近一项研究估计，荒漠化影响了非洲 46%的国土面积，其中 55%面临高度和极高度危险。

亚太地区也是荒漠化比较突出的一个地区，据土壤退化全球评价估计，亚太地区有13%（850万km^2）的土地退化。在亚洲1977万km^2的旱地中，有一半多受荒漠化影响，中亚受影响最为严重，60%多受荒漠化影响；其次是南亚，50%多受荒漠化影响和东北亚的约30%受荒漠化影响。

西亚牧地面积占总面积的50%，据估计，有约90%的牧地退化和易受荒漠化影响，沙特阿拉伯30%多的牧地退化，西亚其他国家也有牧地退化的报道。

3. 荒漠化的危害

荒漠化使土地生产力下降和农牧业减产，以及造成与之相关的巨大经济损失和一系列社会恶果。在撒哈拉干旱荒漠区的21个国家中，20世纪80年代干旱高峰期有3500多万人受到影响，1000多万人背井离乡成为“生态难民”。据联合国环境规划署估计，荒漠化使全世界每年蒙受420多亿美元的经济损失。受影响最严重的是非洲沙漠边缘地区，总计有4.85亿人口受到影响。目前的趋势表明，如果不采取行动，到2020年，估计有6000万人从撒哈拉以南非洲的荒漠地区移徙至北非和欧洲，全世界可能有1.35亿人面临背井离乡的威胁。

（五）森林减少

1. 全球森林与变化状况

FAO的《全球森林资源评价2000》把森林定义为：不小于500km^2，地面至少10%为树冠所覆盖的地区。同时指出全球由森林所覆盖的总面积大约为3866万km^2，占世界陆地总面积的1/3，其中95%是天然林，5%为人工林；17%位于非洲，19%在亚洲和太平洋地区，27%在欧洲，12%在北美，还有25%在拉丁美洲和加勒比地区。全球大约47%的森林是热带森林，9%为亚热带林，11%为温带林，还有33%为北方针叶林。

1980年由FAO和UNEP对热带森林进行的第一次评价发现，热带森林以每年11.3万km^2的速度被砍伐。在全球层次，20世纪90年代森林面积的净减少量大约为94万km^2，相当于森林总面积的0.2%。其中每年森林砍伐量为14.6万km^2，每年森林增加量为5.2km^2。热带森林的砍伐率为每年1%左右。天然林的损失量（森林砍伐加上天然林转变为人工林的数量）大约在每年16.1万km^2左右，其中15.2万km^2发生在热带地区。

20世纪90年代，大约有70%的森林被砍伐改为农业用地，而且大多数为永久性的改变，而非轮作型的变化。在拉丁美洲，大多数转变是大规模的，而在非洲则以小规模的农业企业为主导。亚洲的变化在永久性大规模农业、永久性小规模农业和轮作种植系统之间平衡分布。

最近利用全球综合且连续的卫星数据研究表明，1995年全球郁闭天然林的（树冠覆盖度在40%以上）面积只剩下2870万km^2，占到全球陆地总面积的21.4%左右。这些森林大约81%集中在15个国家。从高往低依次排列分别为：俄罗斯、加拿大、巴西、美国、刚果民主共和国、中国、印度尼西亚、墨西哥、秘鲁、哥伦比亚、玻利维亚、委内瑞拉、印度、澳大利亚和巴布亚新几内亚。前三个国家占到了余留郁闭林的49%，大约有1/4的郁闭林生长在山区。

2. 森林减少的原因

森林减少与人口膨胀及把森林用地转化为其他用途用地有很密切的关系。

（1）森林退化的最主要的直接原因是由人类导致的，包括对工业用材、薪材和其他森林产品的过度采伐以及过度放牧。

许多国家高度依赖于木材以满足国家能源需要，这种利用方式估计要占到原木生产总量的3/4。薪炭对能源消费总量的贡献变化范围较大，从低于5%到超过85%多不等。例如在尼泊尔，薪炭占到该国能源消费总需求的70%。在薪炭采集主要依赖于天然林的地区，这是导致森林砍伐和耗竭的主要因素。斜坡地带的过度采集也是损坏森林涵养水源和河流保护功能的主要原因。

(2) 潜在的原因包括贫困、人口增长、森林产品的市场化和贸易化以及宏观政策。

商业性的伐木作业方法是最具有破坏性的，并直接或间接地导致了森林采伐。在西非，估计每获得1m^{3}的伐木，就要破坏2m^{3}的立木。伐木尤其对陡坡或如森林过渡带和红树林等敏感性生态系统具有破坏性。一旦一种物种被选择砍伐后，其他非目标物种也会受到破坏。森林被砍光后，对当地居民的影响最为严重，他们失去了基本的食物、薪炭、建筑材料、药品来源和可以放牧牲畜的地方。它还使土壤和耐阴物种直接暴露在风、阳光、蒸发和侵蚀之中，加剧了坝底、河流和海岸带的泥沙淤积，并导致严重的洪水泛滥。

(3) 森林还很容易受到自然因素的影响，如病虫害、火灾和极端的气候事件等。

1997年和1998年，由于强烈的厄尔尼诺现象导致许多地方气候干燥，全球大面积的森林发生火灾。另一个火灾发生的严重泛滥期是1999～2000年。在过去5年里澳大利亚、巴西、埃塞俄比亚、印度尼西亚、地中海东部、墨西哥和美国西部的森林大火已经引起了公众对森林野火的了解与关注，促使国家积极采取应对政策，并制定相关的预防、早期预警、探测和消除火灾的机动性区域和国际措施。对火灾和土地利用政策及实践之间的联系的认识和了解也有很大提高。极端气候事件是另外一个威胁。1999年12月袭击欧洲的风暴给森林和森林外的树木带来了大规模的破坏。欧洲的总损失相当于该地区六个月的总采伐量，而在一些国家，则相当于摧毁了该国家几年的采伐量。许多国家已经提议对森林管理予以变革，如增加对树木自然更新的依赖性，以降低未来风暴损失的潜在风险等。

3. 森林减少的影响和危害

(1) 增加二氧化碳排放。森林对调节大气中二氧化碳含量有重要作用。森林中贮存了将近一半的碳，并将之储存在地表植物中。北方针叶林地区的土壤有机物中蕴藏着全球陆地碳总量的26%。热带森林和温带阔叶林分别贮存了20%和7%的碳。尽管围绕着森林砍伐到底释放出多少碳还存在许多不确定性，但是森林生物量的减少的确促进了大气中二氧化碳净释放量的增加。20世纪80年代和90年代期间，每年碳的释放量为16亿～17亿t。

(2) 产生异常气候。森林减少将使水从地表的蒸发量显著增加，引起地表热平衡和对流层内热分布的变化，地面附近气温上升，降雨时空分布相应发生变化，由此会产生气候异常，造成局部地区的气候恶化，如降雨减少，风沙增加。

(3) 物种灭绝和生物多样性减少。森林对于维护生物的多样性非常重要。天然林是所有生态系统中物种多样性最高和地方特殊性最高的，据估计其蕴藏了全球生物多样性总量的一半左右。热带森林中的蕴藏尤其丰富。森林破坏阻碍了物种迁徙路线，便利了人类和侵略性物种进入后的扩张，恶化了森林完全被砍伐后和森林退化对生物多样性的影响。由于世界范围的森林破坏，数千种动植物物种受到灭绝的威胁。

(4) 加剧水土侵蚀、减少水源涵养、加剧洪涝灾害。大规模森林砍伐通常造成严重的水土侵蚀、土地荒漠化，形成滑坡和泥石流等自然灾害。森林破坏还从根本上降低了土壤的保水能力，加之土壤侵蚀造成的河湖淤积，导致大面积的洪水泛滥。

（六）酸雨污染

1. 酸雨形成及其分布

酸雨泛指酸性物质以湿沉降或干沉降的形式从大气转移到地面上。湿沉降是指酸性物质以雨、雪形式降落地面上的 pH 值低于 5.6 的降水。干沉降是指酸性颗粒物以重力沉降、微粒碰撞和气体吸附等形式由大气转移到地面。酸雨的形成经历复杂的大气化学和大气物理过程。酸雨中绝大部分是硫酸和硝酸，主要来源于排放的二氧化硫和氮氧化物。

随着世界经济的发展和化石燃料消耗量的逐步增加，化石燃料燃烧中排放的二氧化硫、氮氧化物等大气污染物总量也不断增加，酸雨分布有扩大的趋势。欧洲和北美洲东部是世界上最早发生酸雨的地区，但亚洲和拉丁美洲有后来居上的趋势。

欧洲是世界上一大酸雨区。主要的排放源来自西北欧和中欧的一些国家。这些国家排出的二氧化硫有相当一部分传输到了其他国家，北欧国家降落的酸性沉降物一半来自欧洲大陆和英国。受影响重的地区是工业化和人口密集的地区，在波兰、捷克和北欧这一大片地区，其酸性沉降负荷高于欧洲极限负荷值的 60%，其中，中欧部分地区超过生态系统的极限承载水平。

美国和加拿大东部也是一大酸雨区。美国是世界上能源消费量最多的国家，消费了全世界近 1/4 的能源，美国每年燃烧化石燃料排出的二氧化硫和氮氧化物也占世界首位。亚洲是二氧化硫排放量增长较快的地区，并主要集中在东亚，其中中国南方是酸雨最严重的地区，成为世界上又一大酸雨区。

2. 酸雨的危害

（1）损害生物和自然生态系统。酸雨降落到地面后得不到中和，可使土壤、湖泊、河流酸化。鱼的繁殖和发育会受到严重影响。土壤和底泥中的金属可被溶解到水中，毒害鱼类。水体酸化还可能改变水生生态系统。酸雨还抑制土壤中有机物的分解和氮的固定，淋洗土壤中钙、镁、钾等营养因素，使土壤贫瘠化。酸雨损害植物的新生叶芽，从而影响其生长发育，导致森林生态系统的退化。

（2）腐蚀建筑材料及金属结构。酸雨腐蚀建筑材料、金属结构、油漆等。特别是许多以大理石和石灰石为材料的历史建筑物和艺术品，耐酸性差，容易受酸雨腐蚀和变色。

从世界各国的情况来看，欧洲地区土壤缓冲酸性物质的能力弱，酸雨危害的范围还是比较大的，如欧洲 30%的林区因酸雨影响而退化。在北欧，由于土壤自然酸度高，水体和土壤酸化都特别严重，特别是一些湖泊受害最为严重，湖泊酸化导致鱼类灭绝。另据报道，1980 年前后，欧洲以德国为中心，森林受害面积迅速扩大，树木出现早枯和生长衰退现象。加拿大和美国的许多湖泊和河流也遭受着酸化危害。美国国家地表水调查数据显示，酸雨造成 75%的湖泊和大约 50%的河流酸化。加拿大政府估计，加拿大 43%的土地对酸雨高度敏感，多数湖泊是酸性的。

（七）淡水资源危机

地球上总的水体积大约为 14 亿 km^3，其中只有 2.5%是淡水，约 0.35 亿 km^3。大部分的淡水以永久性冰或雪的形式封存于南极洲和格陵兰岛，或成为埋藏很深的地下水。能被人类所利用的水资源主要是湖泊、河流、土壤湿气和埋藏相对较浅的地下水盆地。这些水资源中可用的部分仅有 20 万 km^3，不足淡水总量的 1%，仅为地球上水资源总量的 0.01%。并且这些能够利用的水很多都位于远离人类的地方，因而为水利用带来了复杂的问题。

淡水补给依赖于海洋表面的蒸发。每年海洋要蒸发掉 50.5 万 km^3 的海水，约合 1.4m 厚的水层。陆地表面还要蒸发 7.2 万 km^3。所有降水中有 80%降落到海洋中，即 48.5 万 km^3/年，其余 11.9 万 km^3/年的降水降落到陆地。地表降水量和蒸发量之差，即地表径流和地下水的补给大约为 4.7 万 km^3/年。

1. 水缺乏

约有 1/3 的世界人口居住在中度至高度水紧张的国家。这些地方的耗水量超过了可再生淡水资源的 10%。拥有世界人口 40%的 80 个左右的国家曾在 20 世纪 90 年代的中期经历了严重的水短缺。估计在 25 年之内，2/3 的世界人口将要居住在水紧张的国家里。到 2020 年，水的使用量将会提高 40%，其中 17%以上的水将要用于满足人口增长需求的食品生产。

2000 年非洲的可再生水资源为 5000m^3/(人·年)，明显低于世界平均值 7000m^3/(人·年)，比南美洲平均值 23000m^3/(人·年)的 1/4 还要少。且地表水和地下水的分布是不平衡的。例如，刚果民主共和国是最湿润的国家，国内每年可再生的水资源平均达到 935km^3。与之相比，这一地区最干旱的国家毛里塔尼亚平均每年只有 0.4km^3。这一地区水资源的空间分布与最高的人口密度不一致，导致许多地方(尤其是城镇中心)水紧张，或依赖于外界水源。1990 年至少有 13 个国家经历水紧张或水匮乏[分别为少于 1700m^3/(人·年)和少于 1000m^3/(人·年)]。预计到 2025 年，这个数目将增加一倍。

亚洲和太平洋地区的流量占全球 36%，但是该地区人均淡水获取量最低。1999 年该地区有 30 多个国家的可再生水资源仅为 3690m^3/(人·年)，且分布不均匀。中国、印度和印度尼西亚拥有最大的水资源，占该地区总量的一半。

而西亚地区 1995 年人均水资源仅为 446m^3/(人·年)。水资源的缺乏带来了一系列的严重问题。因此联合国第二次全球首脑会议提出水资源问题，并警示地区性的水危机可能预示着全球性危机的到来。

在过去的一个世纪里，人口增长、工业发展和灌溉农业的扩张是引起水需求增加的三个主要因素。过去的 20 年中，农业消耗了经济发展中的大部分淡水。人们通常认为通过增加更多的基础设施来控制水文循环，可以满足不断增长的需水量。利用修筑河坝来保障灌溉用水、水利发电和生活用水。但是忽略了对淡水生态系统也造成了影响。目前世界上最大的 227 条河流中，已经有大约 60%被堤坝、引流、运河等强烈地或中等程度地切割。从增加粮食产量和水利发电等方面来看，这些基础设施的确带来了很大的好处。但是这些造价极高的基础设施在过去的 50 年里，改变了世界河流的形状，使得不同地区 4000～8000 万人口迁移，导致临近的生态系统发生了不可逆转的变化。

2. 水质下降与水污染

水质问题常常和水的可用性同样严重，但是却很少有人重视这个问题，特别是在发展中地区。污染源包括未处理的污水、化学排放物、石油的泄漏和外溢、倾倒在废旧矿坑和矿井中的垃圾，以及从农田中冲刷出的和渗入地下的农用化学品。世界主要河流半数以上已经被严重地耗竭和污染，周围的生态系统受到毒害，并使其质量下降，威胁着依赖这些生态系统的人们的健康和生活。

在 20 世纪 70 年代和 80 年代，有机物质、硝酸盐和磷的超负荷加入使得欧洲的海、湖、河和地下水富营养化。主要的硝酸盐来源是农田排水，大部分的磷来源于生活和工业废水。尽管西欧的农业很发达，但农业所带来的磷负荷还不及总量的 50%。自 20 世纪 80 年代中期开始，西欧化肥的使用量开始下降，但是发达的养殖业使营养物质流失严重，富营养化仍在继续。

亚洲南部，特别是印度以及亚洲的东南部面临着越来越严峻的水污染问题。黄河（中国）、恒河（印度）和 Amu and Syr Darya 河（中亚）位居世界污染最严重河流名单的前列。该地区发展中国家的城市中，大部分水体已经被生活污水、工业排放物、化学品和固体废弃物严重污染。尼泊尔城镇地区的许多河流已经被污染，并且那里的水现在已经不适合人类使用；同时，加德满都的饮用水已经被大肠杆菌、铁、氨和其他污染物所污染。

3. 水和生态系统

20 世纪的水开发减少了沼泽和湿地，将水移为它用、改变水流以及工业和生活废弃物对水的污染等对淡水生态系统产生了很大的影响。在许多河流和湖泊，生态系统功能已经遭到破坏，或已完全丧失。在一些地方，需水量的增加使得大河的进水量减少，对沿岸和临近地区产生了巨大影响。据报道，高取水量已经导致了生态系统再生能力的丧失，多种野生物种消失，尤其是食物链顶端的物种。湿地是一个重要的生态系统，它不仅会影响物种的分布和广义上的生物多样性，还能够对人类的居住和活动产生影响。湿地能够提供对洪水的自然控制、碳储量、自然水净化，以及像鱼、贝、虾、纤维等产品。目前还没有可靠的信息说明全球还剩多少湿地。最新的估计表明，湿地可能至少覆盖了 1280 万 km^2。农业和定居等人类活动严重破坏了淡水生态系统，20 世纪里 50%的湿地因此消失。生态系统的破坏降低了水量和水质，导致人类可用水的有效利用下降。由于缺少最初全球湿地的准确面积的数据，很难知道过去的 30 年时间里究竟有多少湿地消失。1992 年拉姆萨尔点（关于“水禽栖息地的国际重要湿地公约”所规定的重要湿地）的总结表明，84%的湿地正在受生态变化的威胁，或者正在经历生态变化。

（八）海洋污染

海洋污染的主要影响因素有污水污染、固态氮污染和持久性有机污染物（POPs）、重金属和油类污染。在全球范围内就数量而言，污水是海洋和沿岸环境的最大污染源。

在过去 30 年中污水的排放量急剧增加。城市对水资源的大量需求，水的供应能力超过了污水的处理能力，是废水数量增加的一个主要原因。在发达国家，提高污水处理，减少工业和生活的污水排放都显著提高了水的质量。然而在发展中国家，诸如下水道系统的建设和污水处理之类的基本卫生设施的建设并没有同步。高资金消耗，城市化爆炸性的增长速度，很多情况下技术、管理和城市规划及管理的投资能力和正在运行的污水处理系统的限制都会成为对污水有效处理的障碍。

在全球范围内进入海洋的固态氮主要来源于农业径流和大气沉降，在靠近城市的地区，污水排放是氮的主要来源。现在欧洲、南亚和东亚被溶解的无机氮通过各种渠道以最快的速度被输送到江河的入海口。氮的含量通过沿海湿地、珊瑚礁和红树林的拦截作用而激增。

化肥的施用量增加使粮食产量提高、生产成本降低，但使氮的排放大幅增加。

在一些沿海地区，来自于交通车辆、工业排放以及一些地区有机肥和化肥蒸发的氮占了大气沉降中氮的较大比重。随着工业化和交通的进一步发展，特别是在发达地区，通过大气沉降输送的氮还会增加。氮会继续通过大气沉降进入到氮元素含量较少的公海中，这对海洋的初级生产力和碳循环将产生重要影响。

由于输入海洋中的氮浓度的提高而导致的富营养作用，使海洋中产生大量的有毒或有害的浮游生物。越来越多的证据表明，有毒或有害的浮游生物的发生频率和地理分布都在不断增加。包括黑海在内的几个封闭的或半封闭的海洋已经发生了严重的富营养化作用。另外，浮游生物的滋生及所导致腐烂的浮游生物引起了季节性无氧水域的广泛分布。浮游生物的滋生对于渔业、水产业和旅游有重大的经济影响。

在斯德哥尔摩大会上，人们开始关注由持久性有机污染物（POPs）、重金属和油类所引起的海洋污染。会议制定了具体的措施。例如，推广使用无铅汽油，制定防止船舶污染国际公约的国家规则和国际协议，减少船舶操作中油污的排放等。

石油溢出的影响，除了铅和汞外，重金属的影响被证明是局域性和相对短暂的。但石油溢出的化学残留可能会有微妙的深远影响。

全球最为关注的海洋污染问题与 POP 相关，它们通过大气在全球范围内传播，在海洋中到处存在。越来越多的证据表明，海洋生物，甚至包括人类在内，长期的、轻微暴露于某些 POP 会导致生殖系统、免疫系统和神经系统的问题。但在当前污染水平下，还没有足够的证据表明其会对生态系统和人类健康造成广泛影响。

此外非降解垃圾是海洋生物的另一个威胁。每年，大量的海鸟、海龟和其他海洋哺乳动物因为非降解垃圾缠绕或摄食了非降解垃圾而致死。

在控制国际水域和海洋资源危机和环境污染方面，国际社会采取了大量行动，制定了大量双边和多边国际条约，在有关国际组织和有关国家的共同参与下，采取了一些重要的国际合作行功。

第三节　当代中国环境问题

与所有的工业化国家一样，我国的环境污染问题也是与工业化相伴而生的。20 世纪 50 年代前，我国的工业化刚刚起步，工业基础薄弱，环境污染问题尚不突出。20 世纪 50 年代后，随着工业化的大规模展开，重工业的迅猛发展，环境污染问题初见端倪。但此时的污染范围仍局限于城市地区，污染的危害程度也较为有限。到了 20 世纪 80 年代，随着改革开放和经济的高速发展，我国的环境污染渐呈加剧之势，特别是乡镇企业的异军突起，使环境污染向农村急剧蔓延。同时，生态破坏的范围也在扩大。时至如今，环境问题已经与人口问题一样，成为制约我国经济和社会发展的两大难题。大气污染程度在加剧，水环境污染也日益突出，环境污染从城市向农村扩展，物种灭绝，植被破坏，土地退化等环境问题正严重地威胁着我国经济的发展和环境的改善。据我国专家偏保守的估计，每年由于环境污染和生态破坏所造成的经济损失高达 2000 亿元，占我国 1992 年国民生产总值的 9%左右。国外有报道称，中国正在成为“公害大国”。

一、我国环境问题的基本特点

我国的环境问题与世界其他发展中国家具有许多相似之处。但由于我国人口数量多、资源相对贫乏，又面临着尽快发展经济的压力，使我国的环境问题有着特殊的严重性。概括起来有以下几个方面：

1. 经济发展迅速，环境污染严重

改革开放以来，我国的经济一直保持高速度增长。但由于思想上的误区，我国长期沿袭粗放型的经济增长方式，认为单纯的经济增长就等于发展，只要经济发展了，就有足够的物

质手段来解决现在与未来的各种政治、社会和环境问题。很多人甚至认为，中国也可以模仿发达国家走“先发展后治理”的老路。只要发展上去了，有了钱，回头再治理污染也不迟。但实际情况是，中国的人口资源和环境结构比发达国家紧张得多，发达国家可以在人均8000～10000美元的时候改善环境，而我国很可能在人均3000美元时，生态环境问题就会交织在一起提前到来，我国那一点点经济成果根本无法抵挡。因此，我国对环境问题的认识比较迟，环境保护工作起步也较晚，旧的环境问题还没有解决，新的问题又出现了。虽然我国环境污染的发展速度明显低于经济发展的速度，但是环境整体恶化的趋势仍没有得到有效的遏制。

我国城市污染严重，绝大多数城市大气环境中的总悬浮颗粒浓度超过世界卫生组织标准的十几倍，4亿多城市居民呼吸着严重污染的空气，1500万人因此得上支气管疾病和呼吸道癌症。绝大多数城市河段受到不同程度的污染，130多条流经城市的主要河流中符合地面水二类标准的只有18条，不少河段丧失了水体基本功能，直接影响到人民的生产生活用水及饮水安全。目前，全国约有7亿人饮用含大肠杆菌超标水，3亿多农村人口喝不到安全的水，1.7亿人饮用遭受有机物污染的水。此外，噪声、固体废物的污染也越来越严重，2/3的城市被垃圾包围，大部分的城市居民生活工作在噪声超标的环境中。

2. 资源相对量少，生态压力巨大

50多年来，中国的人口由6亿增长到13亿。我国虽然是一个资源大国，但由于人口负担过重，人均资源相对贫乏。

中国的水资源总量为$2.81\times10^{12}m^3$，仅次于巴西、前苏联、加拿大、美国、印度尼西亚，居世界第六位。但人均水资源量只有$2200m^3$，占世界第109位，仅相当于世界人均水资源占有量的1/4。中国的土地总面积居于世界第三位，但人均土地面积仅为$7770m^2$，是世界人均土地资源量的1/3。1998年，联合国粮农组织公布的《世界森林资源评估报告》指出：中国的森林面积为134万km^2，占世界森林总面积的3.9%，世界人均拥有的森林蓄积量为$71.8m^3$，而中国人均森林蓄积量仅为$8.6m^3$。全国现有草原面积400万km^2，居世界第二位，但人均占有草地仅$3300m^2$，为世界人均水平的1/2。此外，我国人均煤炭探明储量只相当于世界平均水平的50%，人均石油可采储量仅为世界平均值的10%，人均矿产资源占有量也只有世界平均水平的58%。

另外，我国在资源开发和利用的过程中，长期以来往往不顾长远利益和生态效益，使原本脆弱的生态环境更加恶化。据调查，我国水土流失面积达380万km^2，占国土面积的1/3；土地沙化面积为$2460km^2$，每年新增草原退化、沙化、盐碱化面积13332多km^2；已有15%～20%的植物物种遭到灭绝，许多野生动物种群数量急剧减少。生态破坏引起自然灾害频繁，每年因自然灾害造成的经济损失占GDP的3%左右，1998年自然灾害损失高达3007.4亿元，占GDP的3.78%（日本占GDP的0.8%，美国占0.6%）。生态破坏使人们生活的环境变得越来越恶劣。

3. 环保成绩显著，形势依然严峻

随着国家和公众对环境问题日益重视，我国在防治工业污染、城市环境建设和保护生态方面采取了许多措施，取得了一定进展。“九五”期间，结合经济结构调整和扩大内需，加大了污染防治和生态保护力度，基本实现了“九五”环保工作的主要目标。从总体上看，我国的环境污染和生态恶化趋势初步得到遏制，部分地区有所改善。但应清醒地看到，我国当前环境污染还很严重，生态环境压力仍然很大。以2003年为例，全国共发生较大的环境污染与破坏事故1843起，给人民生命财产和国家经济建设带来巨大损失。

二、我国当前主要的环境问题

（一）大气污染

我国的大气污染属于煤烟型污染。大气中的总悬浮颗粒物（TSP）、二氧化硫、机动车尾气以及氮氧化物等仍是主要的污染物质，其中以尘和二氧化硫污染危害最大，并呈逐渐上升的趋势。

近年来，我国经济快速增长，钢铁、水泥等9种重要工业原材料生产量大幅增长，电力、煤炭等能源供不应求。高能耗、高污染行业的快速发展，对环境造成巨大压力。各主要污染物排放量，特别是废气中工业SO_2、烟尘和粉尘，呈现出较大幅度的上升。2003年我国SO_2排放总量为2158.7万t，其中工业来源的排放量1791.4万t，生活来源的排放量367.3万t。烟尘排放总量1048.7万t，其中工业烟尘排放量846.2万t，生活烟尘排放量202.5万t。工业粉尘排放总量1021万t。

《2000年中国环境状况公报》指出：中国城市空气状况与前几年相比有所好转，但整体的污染水平仍较严重。影响城市空气质量的主要污染物仍是颗粒物，据参加全球大气监测的北京、沈阳、西安、上海、广州5个城市的监测资料表明，总悬浮颗粒物年日均浓度分别在200～550$\mu g/m^3$范围内，超过世界卫生组织（WHO）规定的标准60～90$\mu g/m^3$约3～9倍，这5个城市全被列入世界污染最严重的10个城市之中。2003年在全国受到监测的340个城市中，大气环境质量符合国家一级标准的城市不到3%；有142个城市达到国家环境空气质量二级标准（居住区标准），占41.7%；空气质量为三级的城市107个，占31.5%；劣于三级标准的城市91个，占26.8%。监测结果虽较上一年有所好转，但空气质量为三级和劣于三级标准的城市仍有198个，占全国监测城市中的58.3%。尤其是大城市空气污染普遍重于中小城市，1130万以上人口的城市中，空气质量达标城市比例依然较低。在全国113个大气污染防治重点城市中，37个城市空气质量达到二级标准，40个城市空气质量为三级，36个城市空气质量劣于三级。

此外，由于我国迄今尚未对燃煤产生的二氧化硫采取有效措施，部分地区二氧化硫污染仍很严重。与2002年相比，SO_2年均浓度超过三级标准的城市比例增加了36个百分点，少数大城市氮氧化物的浓度也较高。这些酸性气体导致了酸雨的形成，造成区域性大面积酸雨污染严重。目前，中国酸雨区面积占国土面积的30%。广东、广西、四川盆地和贵州大部分地区形成了我国西南、华南酸雨区，成为与欧洲、北美并列的世界三大酸雨区之一。除西南、华南酸雨区之外，近年来又逐渐形成了以长沙、南昌为代表的华中酸雨区，以厦门、上海为代表的华东沿海酸雨区和以青岛为代表的北方酸雨区。酸雨危害十分严重，会造成农田减产、森林生态破坏、城市设施锈蚀或老化、历史遗迹风蚀加剧等多种危害，因此带来巨大的经济损失。

（二）水资源危机和水污染

当前我国正处在人口和经济都高速增长的时期，对水的需求量逐年大幅度提高。新中国成立初期，全国年总用水量约1030亿m^3，到1980年实际供水量增至4432亿m^3，2002年全国总用水量为5497亿m^3。与此同时，由于水资源缺乏、浪费和污染导致的水危机也日益突出。

1. 水资源危机

我国是一个水资源相对贫乏的发展中国家。全国缺水的城市越来越多，1984 年为 188 个，1990 年发展到 300 多个，2002 年全国 640 多个城市中，有 400 多个缺水，其中 100 多个城市严重缺水，将近 6000 多万人常年饮用水困难。目前，供水缺口已达 60 亿 m^3，预计 2010 年供水缺口将达 500 亿 m^3。

缺水已经成为制约工农业生产发展的重要因素之一。每年因缺水影响工业产值达 2300 亿元，全国农村每年缺水 300 亿立方米，21.3 万 km^2 土地受到旱灾的威胁，因缺水造成粮食减产约 200 亿 kg。华北、西北缺水更严重，仅以山西省太原、大同、朔州三市为例，在大量超采地下水的情况下仍然有 50％的企业因供水不足而不能正常生产，每年造成直接经济损失 110 亿元，农业少产粮食 1 亿 kg。

造成我国水资源问题的原因很多，纵有许多客观因素，但人们水资源观念淡漠、水资源浪费和水污染等人为因素是造成水资源危机的主要原因。如中国农业用水占全国总用水的 75％～78％，而平均用水效率仅为 30％左右，与发达国家 70％～80％的利用率相差甚远。中国工业用水的重复利用率不超过 50％，与国际先进水平（70％～90％）差距很大。我国生产 1t 钢用水 60t，日本只用 3～5t；我国造 1t 纸需用水 500t，国际先进水平只用 20t。我国工业万元产值用水量近 $200m^3$，而发达国家工业万元产值耗水量不足 $30m^3$。在生活用水方面，供水系统陈旧老化、技术含量低、供水的有效利用系数低，并且废水很少能够处理回用。

2. 水污染

水污染与环境破坏使得水问题“雪上加霜”。水污染降低了本来有限的水资源的可利用性，使得水资源供需矛盾更趋紧张，生态环境的破坏使地下水的贮存条件恶化，同时引发了许多环境地质灾害。据统计，中国有近 70％的河流和 50％的城市地下水受到污染，78％的城市河段不宜作为饮用水源。此外，许多城市和地区地下水超采严重，并由此而引起地下水漏斗扩大，区域承压水头下降，地面沉降、地裂缝等环境问题。

从污染特征来看，我国的水环境污染以有机物污染为主。主要污染物为石油类、氨氮和挥发酚。重金属等有害物质的污染在“七五”期间曾得到较好控制，但近几年又有所恶化，部分地区汞的污染也比较严重。一般来讲，使用 $1m^3$ 水就能产生 0.7 m^3 污水。使用和浪费越多，排污量就越大。2003 年，我国工业和城镇生活废水排放总量为 460 亿 t，比上年增加 4.7％。其中工业废水排放量 212.4 亿 t，占废水排放总量的 46.2％，比上年增加 2.5％；城镇生活污水排放量 247.6 亿 t，占废水排放总量的 53.8％，比上年增加 6.6％。全国废水中 COD 排放量 1333.6 万 t，其中工业废水中 COD 排放量 511.9 万 t，城镇生活污水中 COD 排放量 821.7 万 t。废水中氨氮排放量为 1297 万 t，比上年增加 0.7％。其中工业氨氮排放量为 40.4 万 t，生活氨氮排放量 89.3 万 t。中国的工业污水主要来自化工、制药、石化、造纸、食品、制革、纺织、采矿和石油钻探等行业。城市生活污水中含大量的粪便、洗涤用品、化妆品、泔水等，多数未经任何处理而直接排入了江河湖泊 。农业中过量使用的化肥和农药对水体也带来了相当大的污染问题。这使我国的江河湖海以及地下水受到大面积污染。

（三）固体废物污染

固体废物中含有各种有毒有害物质，扬尘污染大气，渗滤液污染地表水和地下水，堆存物污染农田，造成土壤质量下降，并成为重大的环境隐患。

由于综合利用和处置率较低，工业固体废物和城市生活垃圾仅是采用简易填埋的处置方式，大都堆积在城市的郊区和河岸、荒滩上，使得我国各个城市几乎都形成被垃圾包围的局面，受垃圾污染的土地面积日益增大。目前全国遭受工业固体废物和城市生活垃圾危害的耕地已达 10 万 km^2，每年损失粮食 120 亿 kg。

据《2000 年中国环境状况公报》报告：中国工业固体废物年产总量为 8.2 亿 t，其中县及县以上工业固体废物产生量为 6.7 亿 t，乡镇工业的产生量为 1.5 亿 t。中国的工业固体废弃物有 95%来自以下行业：矿业、电力、黑色金属冶炼及压延加工业、化学工业、有色金属冶炼及压延加工业、食品饮料及烟草制造业、建筑材料及其他非金属矿物制造业、机械电气电子设备制造业。目前中国的工业固体废弃物大致组成如下：尾矿 29%、粉煤灰 19%、煤矸石 17%、炉渣 12%、冶金废渣 11%、其他废弃物 10%、危险废弃物 1.5%、放射性废渣 0.3%。

2003 年全国城市生活垃圾年产生量为 1.49 亿 t，比上年增加 8.8%，城市人均年产生活垃圾 440kg（已高于一些欧洲国家的人均垃圾产生量），但能达到无害化处理要求的还不到 10%。

随着中国化学工业的发展，有毒有害废弃物也有所增长，危险废弃物产生量为 830 万吨。有毒有害固体废弃物都未经过严格的无害化和科学的安全处置，成为中国亟待解决并具有严重潜在性危害的环境问题。

（四）噪声污染

2003 年全国进行城市区域噪声统计的 352 个城市中，161 个城市都存在着不同程度的噪声污染，其中 2 个城市（陕西的延安和辽宁铁岭）属重度污染，9 个城市属中度污染。在国家 47 个环保重点城市中，21 个城市存在着噪声污染，占 44.7%。

全国的城市道路交通噪声声级基本在 70～76dB 之间。根据 42 个城市的监测结果，约 93%的城市交通噪声平均声级超过 70dB 限值，多数城市区域环境噪声污染状况也呈恶化趋势。全国 2/3 城市居民在噪声超标环境下工作和生活。

（五）生态环境恶化

由于自然资源的过度开发和不合理利用，我国生态环境急剧恶化，自然生态严重失衡。生态破坏态势日益严峻，如植被破坏、水土流失、野生动植物灭绝等。

1. 森林锐减

尽管我国对森林资源实行保护政策，并大力开展植树造林活动，使森林覆盖率比“八五”期间有所提高。据 2003 年林业部公布，我国森林面积为 159 万 km^2，森林覆盖率 16.55%，相当于世界森林覆盖率的 61%。全国人均占有森林面积 $1280m^2$，相当于世界人均占有量的 1/5，人均森林蓄积量 $9.048m^3$，只有世界人均蓄积量的 1/8，仍属森林资源贫乏国家。

同时我国森林破坏仍十分严重，特别是可供采伐的成熟林和过熟林蓄积量已大幅度减少。酸雨带来的酸沉降正导致大片森林衰退消失，森林受害面积上百万公顷。2000 年，中国全国森林病虫害发生面积为 8.74 万 km^2，森林火灾受害面积为 $884km^2$。

2. 草原退化

中国是草地资源大国，拥有草地近 400 万 km^2，约占国土面积的 40%，居世界第二位。

但人均占有草地仅 0.33 万 m^2，为世界人均草地面积 0.64 万 m^2 的一半。中国的草地资源以天然草地为主，84.4%的草地分布在西部，面积约 331 万 km^2。

长期以来由于我国对草原资源采取自然粗放式的经营，过度放牧、重用轻养、盲目开垦，使中国 90%的天然草原不同程度地退化。天然草原的面积每年减少 0.65 万～0.7 万 km^2；90%的可利用天然草原有不同程度的退化。目前全国草地退化、沙化、盐碱化的面积已达 135 万 km^2，占现有草原的 1/3 以上，并且每年还以 2 万 km^2 的速度增加。

草原退化和植被破坏使草原质量不断下降。优良草地面积小，草地品质偏低，人工草地比例过小，天然草地的质量在不断下降。中国百亩草地产肉量只 25.5kg，产奶 26.8kg，毛 3kg，仅为相同气候带下美国的 1/27，新西兰的 1/82。20 世纪 80 年代以来，北方主要草原分布区产草量平均下降幅度为 17.6%，下降幅度最大的荒漠草原达 40%左右，典型草原的下降幅度在 20%左右。产草量下降幅度较大的省区主要是内蒙古、宁夏、新疆、青海和甘肃，分别达 27.6%、25.3%、24.4%、24.6%和 20.2%。草原质量下降使载畜能力大大降低，而我国草原实际载畜量一直偏高，导致全国草原普遍超载过牧，尤以北方草原超载更为严重，普遍超载 30%～50%。

由于长期不合理地利用，草地的生态平衡受到严重破坏。2000 年，在中国的新疆、内蒙古、青海、甘肃、四川、陕西、宁夏、河北、辽宁、吉林、黑龙江、山西 12 省（或自治区）普遍发生了草地鼠害和虫害，受影响的草地总面积为 42.667 万 km^2。其中，虫害面积为 14.667 万 km^2，鼠害面积为 28 万 km^2。2001 年中国内蒙古地区的草地普遍遭受了严重的旱灾，使大面积草原没有了植被而只剩下黄沙。

3. 水土流失严重

我国还是世界上水土流失最严重的国家之一。新中国成立初期，水土流失面积约 153 万 km^2，占国土总面积的 17%。而近年来已扩展到 356 万 km^2，占国土总面积的 37.1%。其中水蚀面积 165 万 km^2，占国土总面积的 17.2%；风蚀 191 万 km^2，占国土总面积的 19.9%。按流失强度分，全国轻度水土流失面积为 162 万 km^2，中度为 80 万 km^2，强度为 43 万 km^2，极强度为 33 万 km^2，剧烈为 38 万 km^2。

水土流失会造成不少地区土地严重退化。全国每年表土流失量相当于全国耕地每年剥去 1cm 的肥土层，损失的氮、磷、钾养分相当于 4000 万 t 化肥。我国东北地区素以黑土地为宝贵资源，1958 年第一次全国土壤普查时，吉林、黑龙江两省的黑土总面积约为 10 万 km^2；而在 1982 年第二次全国土壤普查时，两省黑土总面积仅为 5.92 万 km^2。更严重的是，不仅黑土地面积锐减，而且理化性能恶化，养分减少。一些地方的黑土层已经由开垦初期的 60～70cm 减少到目前的 20～30cm。吉林省的黑土表层正以平均每年 3～3.5mm 厚的速度流失，每年流失黑土表层土壤 1.3 亿 t。如果不采取有效保护措施，用不了 50 年，吉林省的黑土耕层将全部流失掉。

在水土流失地区，地面被切割得支离破碎、沟壑纵横。一些南方亚热带山地土壤有机物质丧失殆尽，基岩裸露，形成石质荒漠化土地。流失土壤还造成水库、湖泊和河道淤积，黄河下游河床平均每年抬高达 10cm，成为地上悬河，一旦泛滥决口，后果不堪设想。更令人痛心的是，长江正变为第二条黄河。每年输沙量达 6 亿 t，而造成这种恶果的直接原因是长江中上游植被的破坏。

长江河源区是世界上海拔最高、面积最大的河源区，有“世界气象灶”之称，对全球气象都有重要影响。长江上游原来森林覆盖率为38%，由于滥伐，1986年森林覆盖率降为10%，水土大量流失，而且出现严重的沙漠化。如“天府之国”四川，水土流失面积占全省的60%。云、贵两省的许多地区，人们只能在石头缝中播种。严重的水土流失使流域各种水库被泥沙淤积，损失库容12亿立方米。长江干流河道的不断淤积，使不少江段成为悬河，例如，荆江河段，汛期洪水水位高出两岸数米至数十米。

4. 湿地减少

目前对湿地可近似地表述为：湿地是指陆地上常年或季节性积水（水深2m以内，积水4个月以上）和过湿的土地与生长、栖息在那里的生物群落所构成的生态系统。

我国现有31类天然湿地和9类人工湿地，主要类型有沼泽湿地、湖泊湿地、河流湿地、河口湿地、海岸滩涂、浅海水域、水库、池塘、稻田等天然湿地和人工湿地。目前我国湿地面积约为65.94万km^2（不包括江河、池塘），占世界湿地的10%，居亚洲第一位，世界第四位。其中天然湿地约为25.94万km^2（包括沼泽约11.97万km^2，天然湖泊约9.1万km^2，潮间带滩涂约2.17万km^2，浅海水域2.7万km^2）；人工湿地约40万km^2（包括水库面积约2万km^2，稻田约38万km^2）。海岸带湿地生物种类约有8200种，内陆湿地高等植物约1548种、高等动物1500多种。中国湿地的鸟类种类繁多，在亚洲57种濒危鸟类中，中国湿地就有31种；全世界雁鸭类有166种，中国湿地就有50种；全世界鹤类有15种，中国湿地仅记录到的就有9种。

建国以来，在围海、围湖、围垦造田等活动的影响下，我国的湿地以每年200km^2的速度减少。仅沿海滩涂40年来就累计丧失1万km^2，相当于目前总面积的46.1%。在1950～1980年的30年内，我国天然湖泊总面积减少了11%，长江中下游的湖泊面积减少了45.5%。八大湖泊蓄水面积减少了30%，达5500km^2。仅鄱阳湖就由原来的5100km^2减少到3900km^2，太湖30多年来减少蓄洪面积530km^2之多。

湿地被称为“大地之肾”，具有重要的生态功能。湿地减少大大降低了蓄水调洪能力，使我国自然灾害的频率和强度都大为增加，洪涝灾害不断。例如，1991年6～7月，长江流域18个省市发生的严重水灾，大地一片汪洋。1998年夏天，特大洪水在长江、嫩江、松花江流域相继发生，死亡3000多人，直接经济损失2000多亿元，使国民经济减少了0.5%。同时，湿地减少还严重影响了鸟类及多种生物的栖息繁衍，导致生物多样性锐减。权衡利弊，围海、围湖造田得不偿失，以至于现在不得不退田还湖，重建原有的生态系统。

5. 土地荒漠化

我国是世界上土地荒漠化最严重的国家之一，而且近十年来急剧发展。现代荒漠化过程的调查结果表明：在我国北方地区荒漠化土地中，94.5%是人为因素所致，如滥垦乱伐、过度放牧、不合理地耕作及粗放管理、水资源的不合理利用等。我国荒漠化具有以下特点：

（1）荒漠化面积大、分布广。中国荒漠化土地总面积为357万km^2，占国土面积的37.2%。每年因荒漠化造成的直接经济损失高达590亿元人民币。我国荒漠化土地涉及新疆、内蒙、西藏、青海、甘肃、河北、宁夏、陕西、山西、山东、辽宁、四川、云南、吉林、海南、河南、天津、北京18个省（市、区）的471个县（市、旗），其中99.6%分布于我国北方以及西部。荒漠化土地中有115万km^2分布在干旱区，91.9万km^2分布在半干旱区，其余的分布在亚湿润干旱区。

（2）荒漠化类型多、发展程度高。我国荒漠化类型多样，主要有风蚀荒漠化、水蚀荒漠化、冻融荒漠化、盐渍荒漠化等。其中风蚀荒漠化面积161万km^2，是我国荒漠化土地面积最大、分布范围最广的一种荒漠化类型。水蚀荒漠化20.5万km^2，主要分布在黄土高原北部、黄河中下游地区。盐渍荒漠化233万km^2，主要分布在西北、华北的重要粮食产区。冻融荒漠化主要分布在青藏高原。

(3) 荒漠化扩展速度快、发展态势严峻。我国的荒漠化面积无论从局部地区还是从全局来看，都呈逐年扩大的态势。以风蚀荒漠化为例，20世纪50年代末到70年代中期，平均每年扩展1560km^2；20世纪70年代中期到80年代中期，增至2100km^2；20世纪90年代中期，已达到每年2300km^2。内蒙科尔沁草原，20世纪50年代沙漠化土地为20%，20世纪90年代已扩大为80%。目前，在干旱、半干旱和亚湿润干旱地区，荒漠化土地所占的比例已接近80%，特别是与人民生活直接相关的草地和耕地的退化状况更为严重。草地退化已达56.6%，耕地退化率也超过40%。同时天然林和人工林受到严重威胁，出现大面积退化以至衰亡。塔里木河下游长达180km的“绿色走廊”，由于河流水量减少而濒临毁灭，内蒙古阿拉善绿洲已缩小570km^2。

在荒漠化地区，土质沙化、盐碱化、水土流失等都十分严重，极大地制约了经济发展和人民生活水平的提高。荒漠化导致沙尘暴危害加剧。近年来，我国发生沙尘暴天气的次数明显增加。1999～2002年我国境内共发生54次沙尘天气，其中扬沙天气16次，沙尘暴天气27次，强沙尘暴天气11次。与风沙天气频发的2000年相比，2001年风沙和沙尘暴天气出现的时间早、次数多、影响范围更广。2001年年初，河西走廊、内蒙古部分地区出现大风、浮尘、扬沙和沙尘暴天气，并影响到包括北京在内的华北部分地区。3～5月先后出现范围不同、强度不等的沙尘天气18次之多，总天数为45天，约占春季总天数的50%。2002年3月20日，沙尘暴影响我国北方8个省、区、市，面积达120万km^2。在北京，沙尘滚滚，对面看不见人，使首都机场被迫关闭。在西安也是天地一片昏黄，上海也下起了泥雨。未来几年，我国沙尘暴的频次和强度仍呈增加趋势。

(4) 野生动植物资源减少。我国的生物资源无论是种类还是数量，在世界上都占相当重要的地位，是世界上生物多样性最丰富的国家之一。据统计，我国高等植物和野生动物物种均占世界的10%左右。我国约有脊椎动物6266种，其中鸟类1244种，鱼类3862种。我国约有3万多种高等植物，仅次于世界植物最丰富的马来西亚和巴西，居世界第三位。其中，全世界12科71属750种裸子植物中，我国就有11科34属240多种，占世界的32%；针叶树的总种数占世界同类植物的37.8%。我国特有物种较多，约有200个特有属。其中特有高等植物1.73万种，脊椎动物667种。这些物种广泛分布于陆地、水域和水陆过渡的各种类型的生态系统中。

然而，环境污染和生态破坏导致了动植物生存环境的破坏。近几十年来，我国生物多样性面临严重威胁，物种数量急剧减少，有的物种已经灭绝。据统计，我国高等植物大约有4600种处于濒危或受威胁状态，占全国高等植物的15%～20%。近50年来约有200种高等植物灭绝，平均每年灭绝4种。野生动物中约有400种处于濒危或受威胁状态。灭绝和可能灭绝的有10种（如新疆虎、蒙古野马、高鼻羚羊、犀牛、麋鹿、白臀叶猴、画眉、相思鸟、太阳鸟、鹩哥）。

目前，我国中药的药用资源有1.2万多种，其中药用动物1500种。中医产生于人类活动和人口数量对自然威胁不大的古代。现在，这一传统正受到环境保护准则的检验。脆弱的生态环境已经不能承受它对野生动植物的大量利用。随着中国加入 WTO，一些珍稀动植物制作的药品将被禁止销售。如果中医中药行业不能适应这一新潮流，必将付出惨痛的代价。

三、我国环境问题产生的主要根源及原因

我国环境问题的产生，尽管其原因是多方面多层次的，但关键是观念落后、技术落后和管理不到位。

1. 观念落后

观念落后是我国环境问题严重的根本原因。我国曾一度认为环境污染是西方国家特有的现象，而对自己日趋严重的环境问题讳莫如深，环境保护很难被列入重要的议事日程。改革开放以来，我国才逐渐正视环境问题的严重性。但是长期以来，我国占主导地位的是一种只重视经济效益，忽视生态效益，片面认识社会效益，只追求满足当代人的需要而不考虑后代人需要和发展的发展观。要从上到下真正认识到环境问题的严重性、环境治理和保护的紧迫性，是需要一定时间的。迄今为止，这种扭曲了环保与经济发展的协调关系的传统发展观还根深蒂固。

大部分地区，尤其落后地区，以牺牲资源和环境为代价，换取经济效益。只注重当前利益，而不计环境破坏带来的后果。例如，我国的河北、山西的部分地区，煤窑成片、炼焦炉成片，导致庄稼和其他植物不能生长，植被荒芜，水土流失。

实践证明，必须增强领导者的环境意识，将环境保护看作是一种生产力，真正把降耗减污落实到生产和建设的过程中，才能有效解决我国目前严重的环境问题。如果停留在口头上，再好的方针、政策也只会被用来掩盖行为上的失误。例如，在生态平衡严重失调、环境污染恶化早已成为事实，以致立即着手去研究去解决已为时过晚的情况下，还有许多人并未真正重视，高唱“兼顾生产、生活和生态”，表面上很全面，实际执行时往往不顾生态而只抓生产和生活。

2. 技术落后

环境污染实质上是个技术问题。污染物大多都是放错地方，未被利用的资源。先进的技术、工艺、设备能充分利用资源、能源，减少浪费和污染。

技术落后的一个主要因素是排污严重的大型国有企业，由于政策方面的影响和优越的垄断地位，环保进取意识薄弱，社会责任感差，拿来主义思维，创新能力差。如我国效益较好的电力系统，至今大部分电厂没有彻底的环保措施。另一个因素则是一些地方政府的全局观念差，追求片面的经济利益和“政绩”，包庇技术落后的污染类企业、以城市建设为名廉价占有大量的农村耕用土地，使得企业生存与发展、城市的发展均以牺牲资源和土地为代价，没有技术创新动力。

据统计，我国单位 GDP 能耗相当于发达国家的 7 倍，比世界平均水平高出 2～3 倍。其他资源利用率也远低于发达国家的水平。而且我国工业技术和装备比较落后，相当一批技术装备落后的企业长期在生产中排放大量的污染物，造成严重污染。例如，有机化工生产排污系数是国外的几倍到几千倍。

3. 管理不到位

尽管我国陆续出台了一系列环保法律法规，但由于执法环节的腐败，难以真正奏效，使得环境问题越演越烈。如果没有一个廉政有力的政府支持下的清正廉洁的执法队伍，再完善的法律条文也只是纸上谈兵，再健全的机构也形同虚设。然而当前在环境管理中的最大问题是就有法不依，执法不严，违法不究。

一些地方政府干预环保部门执法，使得一些地方特别是市、县级环保部门不能独立执法。不执行国家“先评价，后建设”的规定，批准建设一些短期经济效益好，但能源资源消耗量大、对环境污染严重的工业项目，出现了新的不合理布局和污染超标的建设项目。对环境污染防治措施的投资经常留有缺口或将资金挪作他用。

管理到位是从根本上解决我国环境问题的前提，而建设一支有知识懂法，而且愿意执法和有能力执法的环保队伍是管理到位的前提。

第四节　环境保护与可持续发展战略

一、可持续发展战略

1. 可持续发展的提出背景

20 世纪中叶以来，全球性的资源短缺、环境恶化、失业危机和贫困蔓延，使得人类社会的可持续发展面临严峻挑战。实际上可持续发展问题的实质就是人口与资源、环境之间的矛盾问题。截至 21 世纪初，全世界人口总量已经达到 60 多亿，预计到 2025 年全世界人口总量将增至 80 亿，2050 年将增加到 93 亿。人口的增长给人类社会带来了很多问题，如水资源短缺、土地匮乏、能源供给、粮食安全、环境污染等，这一系列问题将严重影响地球生态平衡和人类的持续发展。

1987 年 4 月，以挪威首相布伦特兰夫人为首的世界环境与发展委员会，发表了长达四年的研究报告《我们共同的未来》。在《我们共同的未来》一书中，首次正式使用了可持续发展这一概念。对可持续发展定义为：“既满足当代人的需要，又不损害后代人满足需要的能力的发展”。这个定义明确地表达了两个基本观点：一是人类要发展，尤其是穷人要发展；二是发展要有限度，不能危及后代人的发展。报告还指出：当今存在的发展危机、能源危机、环境危机都不是孤立发生的，而是改变传统的发展战略造成的。要解决人类面临的各种危机，只有改变传统的发展方式，实施可持续发展战略，才是积极的出路。

2. 可持续发展战略的内涵

(1) 发展是可持续发展的前提。可持续发展不否认经济增长，但需要重新审视如何推动和实现经济增长。可持续发展的内涵是能动地调控自然—社会—经济复合系统，使人类在不超越环境承载力的条件下发展经济，保持资源承载力，提高生产质量。

(2) 全人类的共同努力是实现可持续发展的关键。人类共居在一个地球上，全人类是一个相互联系、相互依存的整体，没有哪一个国家能脱离世界市场，而达到全部自给自足。当前世界上的许多资源与环境问题已超越了国界，要达到全球的可持续发展，需要全人类的共同努力。对于发展中国家，发展经济、消除贫困是当前的首要任务，国际社会应该给予帮助和支持。保护环境、珍惜资源是全人类的共同任务，经济发达的国家负有更大的责任。对于全球的公物，如大气、海洋和其他生态系统要在统一目标的前提下进行管理。

(3) 公平性是实现可持续发展的尺度。可持续发展主张人与人之间、国家与国家之间的关系应该互相尊重、互相平等。一个社会或一个团体的发展不应以牺牲另一个社会或团体的利益为代价。可持续发展的公平思想，除强调当代人之间的公平和有限资源的分配公平外，更强调代际之间的公平。因为资源是有限的，要给世世代代人以公平利用自然资源的权力，不能因为当代人的发展与需求而损害子孙后代满足其需要的条件。

(4) 社会的广泛参与是可持续发展实现的保证。可持续发展战略是全民参与的计划。在实施过程中，要充分了解群众的意见和要求，动员广大群众参与到可持续发展工作的全过程中来。

(5) 生态文明是实现可持续发展战略的目标。如果说农业文明为人类生产了粮食，工业文明为人类创造了财富，那么生态文明将为人类建设一个美好的环境。也就是说，生态文明主张人与自然和谐共生，人类不能超越生态系统的承载能力，不能损害支持地球生命的自然系统。

(6) 可持续发展战略的实施以适宜的政策和法律体系为条件。可持续发展战略的实施强调“综合决策”和“公众参与”。需要改变过去各个部门封闭地、分隔地制定和实施经济、社会、环境政策的做法，提倡根据全面的信息和综合要求，来制定政策并予以实施。可持续发展原则要纳入经济发展、人口、环境、资源、社会保障等各项立法及重大决策之中。

3. 可持续发展战略的特点

(1) 可持续发展战略是一个着眼于长远未来的全局性战略。它的实现需要一代人、几代人甚至整个人类的连续不断的努力。因此，制定可持续发展战略必须立足于现在，着眼于未来。

(2) 可持续发展战略是一个“立体交叉”的整体发展战略。可持续发展理论认为，经济增长与资源的永续利用和环境保护是相互联系、不可分割的整体。要实现可持续发展，必须放弃片面强调经济增长的传统战略，通过发展战略的转变实现经济、社会、资源、环境的协调发展；必须彻底告别传统的经济增长方式，通过生产方式的根本转变，减少能源和原材料消耗；必须彻底改变传统的生活方式，实现可持续消费，减少对地球资源的依赖；要依靠科技进步和提高劳动者的素质，不断改善发展质量；政府制定各种政策时，要统一考虑环境与发展问题；要不断完善国家可持续发展的政策体系和法律体系，建立有利于可持续发展的综合决策机制和协调机制。可见，可持续发展战略涉及到社会生活的各个层面，是一个“立体交叉”的整体发展战略。

(3) 可持续发展战略是“以人为本”的战略。把经济增长当作发展首要目标的传统发展观受到人们的普遍批判之后，人在发展中的地位逐步上升，成为发展的核心。在可持续发展战略中，“以人为本”的理念明确地被置于首要地位。人们将发展理解为围绕着普遍的个人所展开的一系列活动，满足人的基本需求的，促进公众参与、民主化以及社会公正的实现。

(4) 可持续发展战略是灵活性和相对稳定性的统一。人类从事社会实践活动具有动态性特征，决定了用于指导社会实践的可持续发展战略也应该是动态的，要能够随机应变，以适应社会经济活动的不断变化。就一个国家的可持续发展战略而言，从它的制定到实施，包括政策和行动计划的制定、实施、监督、检查等都应当是滚动的，需要在实施过程中，随着能力建设的增强和各部门、各阶层参与度的提高而不断进行调整和补充。另一方面，可持续发展战略是一个行动过程，它应建立在现行的各项合理的经济、社会、资源、环境政策基础上，与之相协调，并具有相对稳定性，唯有如此，才能对社会实践发挥指导作用。一个变化多端的战略，将使人们无所适从，从而丧失指导实践的功能。因此，在制定可持续发展战略时，应尽可能地运用先进的技术与方法进行科学预测，使之具有前瞻性和科学性。

4. 可持续发展战略实施途径

(1) 加强国际之间的经济和技术合作，共同制定可持续发展的国际条约，提倡环境与发展政策的一体化。通过全球性的协商，考虑各国的不同情况和能力，在国际范围内建立有效的国际环境保护标准，尝试规定进行可持续发展的权利和义务，采取措施妥善解决和避免可持续发展的国际争端。

(2) 提高科学技术水平。为实现可持续发展，各国都应使用清洁生产、资源消耗少、提高污染物治理的技术，并且不断地改进和提高这些技术，以便更好地保护环境。

科学技术的进步有助于加深对气候变化、资源消耗、人口趋势和环境恶化等问题的分析和研究，从而更好地加强环境管理，及时采取预防措施，减少对环境的危害。所以，加强对全球环境问题的科学研究，采用更先进的方法解决环境问题是可持续发展的重要步骤。

二、中国的可持续发展战略

1. 中国可持续发展及其基本目标

我国政府十分重视可持续发展的研究和实施，可持续发展是中国唯一正确的选择。从1989年起，中国积极参与联合国环境与发展大会的各项工作，同时国家计划委员会、国家科技委员会、国家环保局等部门也及时地把国外有关环境与发展的新思想、新战略引进国内，如“持续发展”、“综合决策”等。

联合国环境与发展大会之后，中国在世界银行、联合国开发计划署和联合国环境规划署的支持下，先后完成了多项重大战略和政策研究项目。1992年里约会议之后不到2个月，中共中央、国务院批准的《中国环境与发展十大对策》正式发表，明确了要在中国“实施持续发展战略”。

1994年3月，我国根据可持续发展战略思想编制了《中国21世纪议程》。它把可持续发展原则贯穿到各个方案领域，阐明了中国可持续发展的战略和对策，并成为国家制定《国民经济与社会发展“九五”计划和2010年远景目标纲要》的重要依据。在1996年3月八届全国人大四次会议审议通过的《关于国民经济与社会发展“九五”计划和2010年远景目标纲要的报告》中明确提出：“要实行经济体制和经济增长方式的根本性转变，把科教兴国和可持续发展作为两项基本战略。加快科技进步，优先发展教育，控制人口增长，合理开发利用资源，保护生态环境，实现经济社会相互协调和可持续发展。到2000年，力争使环境污染和生态破坏加剧趋势得到基本控制，部分城市和地区的环境质量有所改善”。

2001年3月，九届全国人大四次会议批准的“十五计划纲要”人口、资源和环境篇中就控制人口增长、提高人口素质、节约保护资源、实现持续利用、加强生态建设、保护和治理环境提出了具体的目标和任务。到2010年，基本改变生态环境恶化的状况，城乡环境有比较明显的改善。这些纲要性文件和其他一系列的对策、方案和计划指出了中国实施可持续发展的基本目标和任务。

作为可持续发展的主要环节，在“九五”计划实施过程中，中国强化了环境保护法律和规划的实施力度。明确要求到2000年，全国工业污染源要达标排放；各省、自治区、直辖市要使本地区主要污染物排放量控制在国家规定的排放总量指标内；主要城市及旅游城市的空气、地表水环境质量，分别达到国家规定的有关标准；淮河、太湖要实现水体变清，海河、辽河、滇池、巢湖的水质应有明显改善。

在“十五”计划纲要中，强调坚持资源开发与节约并重，把节约放在首位，依法保护和合理使用资源，提高资源利用率，实现资源持续利用，尤其要重视水资源的可持续利用，减少灌溉用水损失。2005年灌溉用水有效利用系数达0.45。加快企业节水技术改造，2005年工业用水重复利用率达60%。城市污水集中处理率达到45%。巩固“三河”、“三湖”水污染治理成果，启动长江上游、三峡库区、黄河中游和松花江流域水污染综合治理工程。保护土地、森林、草原、海洋和矿产资源。加强生态建设，“十五”期间新增治理水土流失面积25万km^2，治理“三化”草地面积16.5万km^2。

2. 可持续发展的战略任务

(1) 采取有效措施，防止工业污染。影响中国环境质量的主要污染物约70%来源于工业生产，我国治理工业污染的欠账（先污染后治理造成的欠账）达2000亿元。防治工业污染要坚持“预防为主，防治结合，综合治理”和“污染者付费”等指导性原则，积极治理原有污染、控制新污染、推行清洁生产，实现工业的可持续性发展。主要措施有：预防为主、防治结合；集中控制和综合治理；转变经济增长方式。

(2) 深入开展城市环境综合整治，认真治理城市“四害”。中国工业主要集中于城市，城市的污染物排放量占全国污染物排放量的80%。尽快改变城市环境面貌，加强城市基础设施建设，合理开发利用城市的水、土地及生物资源，防治工业污染、生活污染和交通污染，建立城市绿化系统，改善城市生态结构和功能，促进经济和环境的协调发展，对于改善投资环境，促进经济发展和提高人民生活水平具有重要的意义。

当前的主要任务是认真治理城市“四害”（烟尘、污水、废物、噪声）。在加强基础设施建设的基础上，通过工程设施和合理的管理措施，有重点地减轻和逐步消除废气、废水、废渣、噪声对城市的污染。

(3) 提高能源利用率，改善能源结构。能源是发展经济、满足人民生活需要的重要物质基础。我国能源利用率长期偏低，而且提高缓慢。20世纪90年代以来，虽然在节能方面已取得显著成绩，但目前单位产品能耗仍然较高，节能潜力和空间很大。此外，调整能源结构，增加清洁能源比重，尽快发展水电、核电，因地制宜开发和推广太阳能、风能、地热能、潮汐能、生物能等清洁能源，对可持续发展有着重要意义。

(4) 生态环境保护。要认真保护自然资源，改善生态环境：① 推广生态农业；② 坚持不懈地植树造林；③切实加强生物多样性保护。

3. 可持续发展的战略措施

(1) 加强科技开发：① 大力推进科技进步；② 加强环境科学研究；③ 积极发展环保产业。

(2) 充分运用经济手段保护环境：① 资源有偿使用；② 资源核算、资源计价；③ 环境成本核算。

(3) 加强环境教育，不断提高民族环境意识，使防治环境污染、改善生态环境成为全体人民的自觉行动。

(4) 健全环境法制、强化环境管理，是控制环境污染和生态破坏的一项有效的手段。

三、环境保护与可持续发展战略

1. 环境与发展的关系

环境是社会经济发展的基础条件。环境为人类的生存和发展提供了条件，是生命系统演化的最基本的物质前提和源泉。同时，环境也是一切社会经济活动的场所，离开了地球环境，人类的存在和发展就无从依托。

2. 可持续发展是环境与经济的协调发展

可持续发展的核心思想是在经济发展的同时注重保护资源和改善环境，使经济发展能够持续下去。可持续发展把环境保护作为发展的最基本目标之一，使发展与环境保护相互联系，构成了一个有机的整体。因此，环境保护与可持续发展是相辅相成的。环境建设不仅为发展创造出许多直接或间接的经济效益，而且为进一步的发展提供环境与资源支持，所以要实现可持续发展就必须维护和改善人类赖以生存的环境；环境保护也离不开可持续发展，环境问题产生于经济过程之中，同时也可解决于经济发展之中。

3. 环境保护的实质是保护和发展生产力，促进可持续发展

环境保护能够使环境和资源得到合理利用，保护可再生资源的再生能力，节约使用和综合使用不可再生资源，防止浪费；环境保护可以改善人类的生存条件，促进人的健康生活，这是发展生产力最活跃的因素；环境保护能够防止生态破坏，保护生态平衡，可以把自然再生产和经济再生产结合起来，最大限度地发挥生产力的效益。“高投入、高消耗、高污染、低产出”的传统经济发展模式造成了自然资源的浪费和环境生态的失衡，限制着生产力的发展，而必须代之以集约化的经营方式。通过技术、资源、劳动的合理组合使资源充分利用，这样既能提高经济效益又能把对环境的不利影响降到最低水平。这种内涵式的扩大再生产道路也是保护环境的积极手段。

因此，保护环境是发展生产力的必然要求，保护环境是保护和发展生产力、促进生产由外延式向内涵式转变的动力。通过有效的环境保护，可以改善和优化环境，实现生产与生态、环境与发展的有效统一。可持续发展战略正是这样一种立足于环境和自然资源角度提出的关于人类长期发展的战略模式，保护环境可以促发展、出效益，环境保护是生产力健康发展和经济不断繁荣的必不可少的条件，是中国可持续发展战略实施的关键。

第五节 控制环境的国际合作行动与公约

一、控制气候变化的国际公约

《联合国气候变化框架公约》(United Nations Framework Convention on Climate Change,《框架公约》) 是 1992 年 5 月 22 日联合国政府间谈判委员会就气候变化问题达成的公约，于 1992 年 6 月 4 日在巴西里约热内卢举行的联合国环发大会（地球首脑会议）上通过。《联合国气候变化框架公约》是世界上第一个为全面控制二氧化碳等温室气体排放，以应对全球气候变暖给人类经济和社会带来不利影响的国际公约，也是国际社会在应对全球气候变化问题上进行国际合作的一个基本框架。公约于 1994 年 3 月 21 日正式生效。截至 2004 年 5 月，公约已拥有 189 个缔约方。

这是一个有法律约束力的公约，旨在控制大气中二氧化碳、甲烷和其他造成“温室效应”的气体的排放，将温室气体的浓度稳定在使气候系统免遭破坏的水平上。公约对发达国家和发展中国家规定的义务以及履行义务的程序有所区别。公约要求发达国家作为温室气体的排放大户，采取具体措施限制温室气体的排放，并向发展中国家提供资金以支付他们履行公约义务所需的费用。而发展中国家只承担提供温室气体源与温室气体汇的国家清单的义务，制定并执行含有关于温室气体源与汇方面措施的方案，不承担有法律约束力的限控义务。公约建立了一个向发展中国家提供资金和技术，使其能够履行公约义务的资金机制。

1997 年 12 月，在日本京都召开的《联合国气候变化框架公约》缔约方第三次会议，通过了旨在限制发达国家温室气体排放量以抑制全球变暖的《京都议定书》。

《京都议定书》规定，到 2010 年，所有发达国家二氧化碳等六种温室气体的排放量，要比 1990 年减少 5.2%。具体地说，各发达国家从 2008 年到 2012 年必须完成的削减目标是：与 1990 年相比，欧盟削减 8%、美国削减 7%、日本削减 6%、加拿大削减 6%、东欧各国削减 5%～8%。新西兰、俄罗斯和乌克兰可将排放量稳定在 1990 年水平上。议定书同时允许爱尔兰、澳大利亚和挪威的排放量比 1990 年分别增加 10%、8%和 1%。

《京都议定书》需要在占全球温室气体排放量 55%以上的至少 55 个国家批准，才能成为具有法律约束力的国际公约。中国于 1998 年 5 月签署并于 2002 年 8 月核准了该议定书。欧盟及其成员国于 2002 年 5 月 31 日正式批准了《京都议定书》。2004 年 11 月 5 日，俄罗斯总统普京在《京都议定书》上签字，使其正式成为俄罗斯的法律文本。截至 2005 年 8 月 13 日，全球已有 142 个国家和地区签署该议定书，其中包括 30 个工业化国家，批准国家的人口数量占全世界总人口的 80%。

2005 年 2 月 16 日，《京都议定书》正式生效。这是人类历史上首次以法规的形式限制温室气体排放。为了促进各国完成温室气体减排目标，议定书允许采取以下四种减排方式：

(1) 两个发达国家之间可以进行排放额度买卖的“排放权交易”，即难以完成削减任务的国家，可以花钱从超额完成任务的国家买进超出的额度。

(2) 以“净排放量”计算温室气体排放量，即从本国实际排放量中扣除森林所吸收的二氧化碳的数量。

(3) 可以采用绿色开发机制，促使发达国家和发展中国家共同减排温室气体。

(4) 可以采用“集团方式”，即欧盟内部的许多国家可视为一个整体，采取有的国家削减、有的国家增加的方法，在总体上完成减排任务。

二、控制臭氧层破坏的国际合作公约与行动

对全面淘汰氟利昂等物质，并寻找氟利昂等的替代物质是防止臭氧层继续破坏的有效途径这一点，全世界已取得共识，并签署公约展开国际行动。

1976 年，联合国环境署（UNEP）理事会第一次讨论了臭氧层破坏问题。在 UNEP 和世界气象组织（WMO）设立臭氧层协调委员会（CCOL）定期评估臭氧层破坏后，1977 年召开了臭氧层专家会议。1981 年开始就淘汰破坏臭氧层物质的国际协议进行政府间的内部讨论，并于 1985 年 3 月制定了《保护臭氧层维也纳公约》。

1985 年《保护臭氧层维也纳公约》鼓励政府间在研究、有计划地观测臭氧层、监督 CFCs 的生产和信息交流方面合作。该公约缔约国承诺针对人类改变臭氧层的活动采取普遍措施以保护人类健康和环境。《保护臭氧层维也纳公约》是一项框架性协议，不包含法律约束的控制和目标。

该公约在前言中指出，臭氧层破坏给人类带来了潜在影响，并根据《联合国人类环境宣言》中的原则，呼吁各国采取预防措施，使本国内开展的活动不要对全球环境造成破坏。同时呼吁各国加强该领域的研究。这里值得一提的是，该公约在前言中指出在保护臭氧层中应考虑发展中国家的特殊情况和要求，这实际上暗示了发达国家和发展中国家在处理全球环境问题上的合作原则，即 1992 年联合国环发大会所确定的“共同但有区别的责任”原则。

该公约的通过和签署的重要意义就在于国际社会在处理大的全球环境问题上的合作迈出了重要一步，为后来处理国际环境问题的一系列立法打下了基础。

1987 年 9 月制定了《关于消耗臭氧层物质的蒙特利尔议定书》。随着 1985 年底南极臭氧空洞的发现，各国政府认识到需要采取更强有力的措施减少CFCs（CFC-11，12，113，114和115）和哈龙（CFC 1211，1301，2402）的生产和消费。《议定书》的制定便于以定期的科学和技术评估为基础对淘汰时间表进行修订。根据这些评估，在1990年伦敦、1992年哥本哈根、1995年维也纳和1997年蒙特利尔的会议上对《议定书》进行了调整，加快了淘汰时间表。《议定书》也被修正以引进其他控制措施，增加新的受控物质种类。

1990年伦敦修正案包括增加的CFCs（CFC-13，111，112，211，212，213，214，215，216，217）和两种溶剂（四氯化碳和1，1，1-三氯乙烷），1992年哥本哈根修正案增加了甲基溴，HBFCs和HCFC。

1997年蒙特利尔修正案最后确定了甲基溴的淘汰时间表。

1999年12月3日通过了《蒙特利尔议定书》北京修正案。

要求缔约方在修正案生效以后1年内，向公约秘书处报告其甲基溴装运前和检疫使用的数据。并将一溴一氯甲烷列为受控物质，并于2002年完全淘汰。氟氯烃（HCFCs）的生产，控制在一定的水平上，以基本满足需求为准。而且决定，自2004年起禁止缔约方同非缔约方的HCFC贸易，2010年不再生产氟氯化碳（CFC）、哈龙以及在2015年以后不再生产甲基溴等受控物质。该修正案将于2001年1月起开始生效。

从各项国际环境条约执行情况而言，这项议定书执行的是最好的。目前，向大气层排放的消耗臭氧层物质已经逐年减少。从1994年起，对流层中消耗臭氧层物质浓度开始下降。有观测表明，低层大气中臭氧消耗物质总量在1994年达到峰值后开始慢慢下降。其中总氯在下降，但总溴在上升。CFCs替代物的量在上升。今后的几十年是臭氧损耗最脆弱的时期。如果各国遵守国际合作公约，并开展有效行动，臭氧层将在今后的50年内可望缓慢恢复。

三、保护生物多样性公约

1972年，在斯德哥尔摩召开了联合国关于人类环境的大会，决定建立联合国环境规划署，各国政府签署了若干地区性协议和国际协议，以处理如保护湿地、管理国际濒危物种贸易等议题，这些协议与管制有毒化学品污染的有关协议一起减慢了破坏环境的趋势，尽管这种趋势并未被彻底扭转，但关于捕猎、挖掘和倒卖某些动物和植物的国际禁令和限制已经减少了滥猎、滥挖和偷猎行为。

1987年，世界环境和发展委员会得出了发展经济必须减少破坏环境的结论，出台了划时代的报告《我们共同的未来》。《我们共同的未来》指出，人类已经具备实现自身需要并且不以牺牲后代实现需要为代价的可持续发展的能力；报告同时呼吁“一个健康的、绿色的经济发展新纪元”。

1992年，在巴西里约热内卢召开了由各国首脑参加的最大规模的联合国环境与发展大会，在此次“地球峰会”上，签署了一系列有历史意义的协议，其中包括生物多样性公约，150多个国家在里约大会上签署了该文件，此后共175个国家批准了该协议。

生物多样性公约有三个主要目标，即：保护生物多样性，生物多样性组成成分的可持续利用和以公平合理的方式共享遗传资源的商业利益和其他形式的利用。

公约的目标广泛，处理关于人类未来的重大问题，成为了国际法的里程碑。公约第一次取得了保护生物多样性是人类的共同利益和发展进程中不可缺少的一部分的共识，公约涵盖了所有的生态系统、物种和遗传资源，把传统的保护努力和可持续利用生物资源的经济目标联系起来，公约建立了公平合理地共享遗传资源利益的原则，尤其是作为商业性用途，公约涉及了快速发展的生物技术领域，包括生物技术发展、转让、惠益共享和生物安全等，尤为重要的是，公约具有法律约束力，缔约方有义务执行其条款。

公约提醒决策者，自然资源不是无穷无尽的，公约为 21 世纪建立了一个崭新的理念——生物多样性的可持续利用，过去的保护努力多集中在保护某些特殊的物种和栖息地，公约认为，生态系统、物种和基因必须用于人类的利益，但这应该以不会导致生物多样性长期下降的利用方式和利用速度来获得。

基于预防原则，公约为决策者提供一项指南：当生物多样性发生显著地减少或下降时，不能以缺乏充分的科学定论作为采取措施减少或避免这种威胁的借口。公约确认保护生物多样性需要实质性投资，但是同时强调，保护生物多样性应该带给人们环境的、经济的和社会的显著回报。

公约处理的议题包括：生物多样性保护和可持续利用的措施和激励手段、遗传资源的获取、生物技术的技术取得和转让、技术和科学上的合作、影响评估、教育和公众意识、资金来源、履行公约义务的国家报告。

四、保护森林的国际行动

《关于所有类型森林的管理、保存和可持续开发的无法律约束力的全球协商一致意见权威性原则声明》，由联合国环境与发展大会于 1992 年 6 月 14 日在里约热内卢通过。

《关于森林问题的原则声明》主要是促进各类森林的管理、保存和可持续开发，并使它们具有多种多样和互相配合的功能和用途。该《声明》虽不具有法律约束力，但它维护了发展中国家的主权，而且对当时和随后一段时间内全球森林问题的讨论也具有一定的指导作用。

《关于森林问题的原则声明》阐明了关于保护、经营和可持续地开发所有类型森林的要求，并且尊重各国利用其森林资源的主权。这一原则声明在一开始就指出“森林与所有的环境与发展问题和机会有关，承认各国在可持续的基础上发展社会经济的权力”，并且指出“森林对于经济发展和维持所有的生命形式都是必要的”，“森林资源和林地应以可持续的方式管理，以满足当代人和子孙后代在社会、经济、生态、文化和精神方面的需要，这些需要包括森林产品和服务功能。如木材和木材产品、水、食物、饲料、药材、燃料、住所、就业、游憩、野生动物生境、景观多样性、碳的汇与库以及其他森林产品”。同时强调“应当认识到各种森林在当地、国家、区域和全球水平上维持生态过程和生态平衡方面所起的关键作用，尤其是在保护脆弱生态系统、集水区和淡水资源方面的作用，以及作为生物多样性和生物资源的丰富仓库、生物技术产品的遗传材料来源和光合作用的源泉等的重要作用”。还指出“各国政策和战略应当为增加各方面的努力提供一个框架，包括建立和加强各种体制、制定各种方案以便管理、保存和可持续地开发森林和林地”。《关于森林问题的原则声明》还系统全面地论述了森林在人类可持续发展中的关键作用，以及世界各国为了保护和可持续地利用森林和林地所应采取的措施、国际技术资金援助与合作和国际林产品贸易等领域的重大问题。其主要共识是：森林资源和森林土地应以可持续的方式管理。制定森林管理、保存和可持续开发的国家政策和法律，促进森林领域的国际合作，以及与森林相关领域的一体化与全面化。认识森林在维持生态过程和生态平衡中的重要作用，特别是在保护脆弱的生态系统、水域和淡水资源方面的作用。森林作为生物多样性和生物资源的丰富仓库，是创造生物技术产品的遗传物质源和光合作用产物的生产源。在发展中国家，应充分认识森林作为可再生生物能源对满足能源需求的重要作用，必须通过可持续的森林管理和植树造林（包括种植本地树种和外来树种）来满足家用和工业用薪炭材的需求。同时，还应认识到人工林生产的环境友好和可再生的能源和工业原料，对维持生态过程、抵消对原始林、老森林的压力以及提供区域就业和有当地居民充分参与发展的贡献。通过在贫瘠的、退化和经过滥伐的土地上进行植被恢复，如造林和再造林等，并在森林资源管理中综合考虑森林的生态、经济和社会效益，保持并增加森林覆盖率，提高林区生产力。森林管理还应与毗邻区域的管理相结合，以便保持生态平衡和可持续的生产力。关于森林管理、保存和可持续开发的国家政策和/或法律应包括和保护具有代表性的或独特的森林，如原始林、老森林和在文化、精神、历史、宗教以及其他方面具有独特价值或具有国家级重要性的森林。生物资源的获取，其中包括遗传材料的获取，应适当考虑森林所在国的主权权利，并应依照共同议定的条件分享从中获得的生物技术产品的技术和利益。森林保存和可持续开发政策应与经济、贸易和其他有关政策结合，推动林产品公开的自由国际贸易，降低或消除关税壁垒和阻碍。

五、控制国际水域与海洋资源危机和环境污染公约

在控制国际水域与海洋资源危机和环境污染方面，国际社会采取了大量行动，制定了大量双边和多边国际条约，在有关国际组织和有关国家的共同参与下，采取了一些重要的国际合作行动。

欧洲是国际河流湖泊制度的发源地，19 世纪初就宣布莱茵河等几条河流国际化。20 世纪 50 年代以后，有关国际河流的条约遍及各大洲，除缔结了大量有关国际河流的双边条约外，还产生了一些重要的多边条约，涉及航行、分配用水、控制污染和保护流域生态资源等各个方面。例如，1976 年法、德、荷、瑞士等国签订了“保护莱茵河不受化学污染公约”；1978 年亚马孙流域八国签订“亚马孙河合作条约”，宣布为保护亚马孙河地区的生态环境而共同努力。

保护海洋环境的国际行动是从防止海洋石油污染开始的。1954 年制定了第一个保护海洋环境的全球性公约“国际防止海上油污公约”。20 世纪 60 年代以后，先后制定了“国际干预公海油污事故公约”、“国际油污损害民事责任公约”、“国际防止船舶造成污染公约”等，完善了控制船舶造成污染的国际法律制度及污染损害赔偿制度。1972 年，在伦敦通过了第一部控制海洋倾废的全球性公约，即“防止倾倒废弃物及其他物质污染海洋的公约”。在海洋资源保护方面，1946 年制定了“国际捕鲸管制公约”，规定设立了国际捕鲸委员会。1958 年在日内瓦召开的第一次联合国海洋法会议上通过了“捕鱼与养护公海生物资源公约”，对海洋生物资源保护做了比较全面的规定。1982 年 4 月，第三次联合国海洋法会议经过近 10 年的讨论，以压倒多数通过了《联合国海洋法公约》，其中对海洋环境保护做了全面系统的规定。

另外，在沿海各国的共同努力下，先后就北海、波罗的海、地中海、中非和西非海域、红海和亚丁湾、东南太平洋区域、加勒比海、东非海域、东南亚地区等制定了一系列海洋环境保护条约和关于区域合作的行动计划。

第二章 生态学基本知识

第一节 生 态 系 统

一、生态系统及其组成

（一）生态系统基本概念

所谓生态系统是由生物群落及其生存环境共同组成的动态平衡系统。

一个生物物种在一定范围内所有个体的总和在生态学中称为种群。在一定的自然区域中许多不同种的生物的总和则称为群落。

生物群落由存在于自然界一定范围或区域内并互相依存的一定种类的动物、植物、微生物组成。

生物群落内不同生物种群的生存环境包括非生物环境和生物环境。非生物环境又称无机环境或物理环境，如各种化学物质、气候因素等。生物环境又称有机环境，如不同种群的生物。

生物群落同其生存环境之间以及生物群落内不同种群生物之间不断进行着物质交换和能量流动，并处于互相作用和互相影响的动态平衡之中。这样构成的动态平衡系统就是生态系统。它是生态学研究的基本单位。

自然界中生态系统多种多样，大小不一。小至一滴湖水、一条小沟、一个小池塘、一个花丛，大至森林、草原、湖泊、海洋乃至整个生物圈，都是一个生态系统。目前人类所生活的生物圈是一个复杂的大生态系统，其中又包含无数个大小不同的生态系统，这许多各种各样的生态系统组成了统一的整体，就是人类目前生活的自然环境。因此，整个生物圈就是一个最大的生态系统，生物圈也可以称为生态圈。

（二）生态系统的组成

生态系统由生产者、消费者、分解者以及非生物环境四个部分组成，如图 2-1 所示。

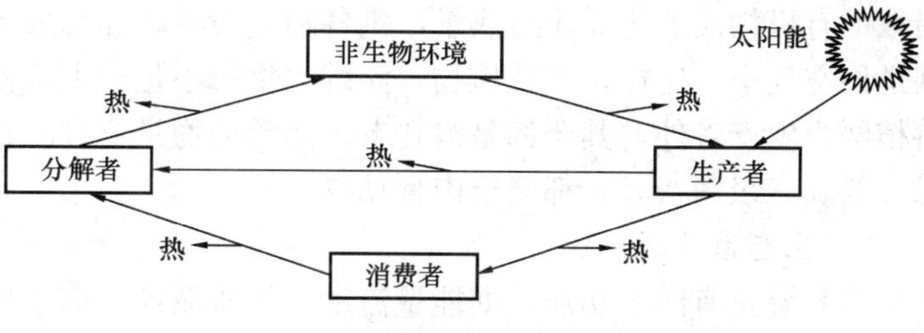

（1）非生物环境：包括阳光和营养成分，供生产者合成有机物之用。

（2）生产者：生产者又称自养者，以绿色植物为主，还包括一些能借光合作用营生的菌类。

图 2-1 生态系统组成及其中物质与能量流动

（3）消费者：以生产者的有机物质为生。故又称为他养者或异养者。它们在生态系统中只能消费不能生产。

（4）分解者：包括一部分细菌和真菌，能使生物体分解成为无机物质。同时能将分解后的无机物转变为可供植物利用的营养成分。

生态系统中能量和物质的流动都是通过这四个部分来实现的，归纳起来可以认为：

生态系统 = 生物 + 非生物环境（互相影响）

二、生态系统的类型与特征

根据生态系统的环境性质和形态特征，可以分为两大类：水生生态系统和陆地生态系统。二者还可进一步细分为更多种的生态系统。

（一）陆地生态系统

陆地生态系统又可分自然生态系统和人工生态系统。自然生态系统又可分为森林、草原、荒漠、高山、冻原等生态系统；人工生态系统又可分为农田、城市、工矿区等生态系统。森林生态系统又可细分为热带、温带和寒温带森林等生态系统。

（二）水生生态系统

水生生态系统又可分淡水生态系统和海洋生态系统。淡水生态系统又可分为湖泊、河流、水库生态系统；海洋生态系统又可分为海岸、河口、浅海、大洋、海底等生态系统。

陆地生态系统有鲜明的空间结构，在空间上有明显的垂直和水平分布，即具有三维的空间结构和二维的水平结构。

三、生态系统的结构与功能

（一）生态系统的结构

生物圈中的各种生物由于生产者和各级消费者间的营养关系，构成了生态系统中的食物链。所谓食物链就是一种生物以另一种生物为食，彼此形成一个以食物连接起来的链锁关系。通过这种关系，能量在生态系统内传递。如“螳螂捕蝉，黄雀在后”就是食物链的生动写照。在一个生态系统中，各种食物链经常互相交错，形成一张无形的网络，把许多生物包括在内，这种复杂的捕食关系就是食物网。通过食物链和食物网实现能量的流动、物质的迁移和转化。

例如，一个小池塘中，水生生物间构成了一个生态系统。在这个生态系统中，浮游植物通过光合作用将水和空气中的二氧化碳转变为淀粉，同时将产生的氧气释入水和空气中。作为生产者，它在生物圈中起着非常重要的作用：为自身准备了需用的能源，为生物呼吸提供了必需的氧气，为较高级营养层次的生物如浮游动物、小鱼、大鱼等供应食物。鱼类死后，水里的微生物将它分解转变为基本元素和化合物，作为营养成分供给浮游植物；此时所消耗水中的氧气，则可由浮游植物光合作用产生的氧气来补充。各营养层次的生物在呼吸过程中将摄取的有机物质氧化而获得热量，供各种生命活动和合成生物量之用；同时将产生的二氧化碳送回空气中。这样，浮游植物—浮游动物—小鱼—大鱼便构成了一个食物链；其中除了浮游植物为生产者外，其余都是消费者。浮游动物是草食动物或一级消费者，小鱼和大鱼分别是二级和三级消费者，都属于肉食动物。

（二）生态系统的功能

生态系统具有四大功能，即能量流动、物质循环、信息传递和自我调节。

1. 生态系统中的能量流动

每个生态系统都有特定的结构以及相应的能量流动和物质循环的方式和途径。地球上无数的生态系统的能量流动和物质循环汇合，形成生物圈的总的能量流动和物质循环，如图 2-2 所示。整个自然界就是在这种能量流动和物质循环的过程中不断地变化和发展。

地球是一个开放系统，存在着能量的输入和输出。生物有机体为了进行代谢、生长和繁殖都需要能量；一切生物所需要的能量都来自太阳能。太阳能通过植物的光合作用进入生态

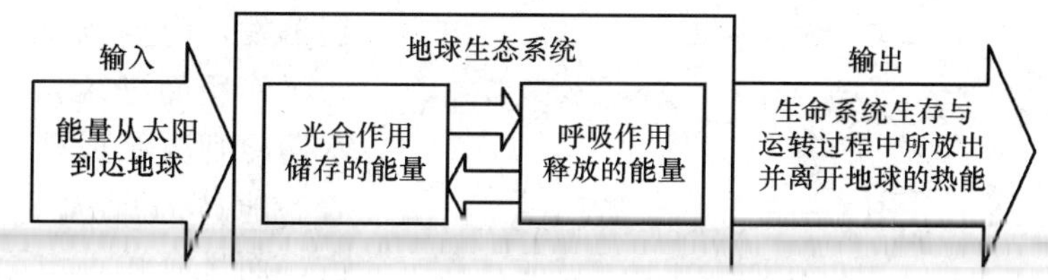

图 2-2 地球生态系统中能量流动

系统，将简单的无机物（二氧化碳和水）转变成复杂的有机物（如葡萄糖），从而将太阳能转化为化学能。这种化学能又以食物的形式沿着生态系统食物链的各个环节，也就是在各个营养级中依次流动。在流动过程中有一部分能量要被生物的呼吸作用以热能形式消耗掉，还有一部分能量则作为不能被利用的废物浪费掉。因此，各个营养级中的生物所能利用的能量是逐级减少的。生态系统中的能量流动是单方向的，是不能一成不变地被反复循环利用的。一般来说，食物的化学能在各个营养级流动时，其有效率仅为10%左右，也即生态学上的10%定律或1/10定律。这说明了为什么一般食物链的层次不超过四级或至多五级，这也说明为什么人类以植物为食要比以动物为食经济有利得多。

照射到地球生物圈的阳光中被植物所吸收的那部分能量，关系到人类食物的供应问题。人类的食物可取自于自然界食物链中任一级营养层次。因此，了解各种生态系统的食物链中能量的流动情况，为经济而合理地选择食物来源提供科学依据。

生态系统完全可以看作是物理学中的能量系统，能量在系统中具有转化、作功、消耗等动态规律，并且能量流动完全服从热力学第一定律和第二定律。能量可以从一种形式转化为另一种形式，在转化过程中，能量是守恒的。同时，能量的流动总是从集中到分散，从能量高向能量低的方向传递。在传递过程中总会有一部分能量成为无用能被释放出去。

只有当生态系统生产的能量与消耗的能量相平衡时，生态系统才能保持动态的平衡。

2. 生态系统中的物质循环

生物有机体由40余种化学元素组成，其中最主要的是碳、氮、氢、氧，占生物有机体组成的99%以上，在生命中起着最关键的作用，被称为“重要元素”或“能量元素”。其他元素分为大量元素和微量元素。其中的微量元素虽然数量很少，但所起的作用非常大，一旦缺少，生物的生长就会受到影响。反之，若微量元素过量，也会对生物造成危害。当前的环境污染问题中，很多就是某些微量元素过多造成的。

它们来自环境，构成生态系统中的生物个体和生物群落，并经由生产者（主要是植物）、消费者（动物）、分解者（微生物）所组成的营养级依次转化，从无机物→有机物→无机物，最后归还给环境，构成物质循环。物质循环和能量流动不同，它在生态系统中周而复始地运行，能被反复利用。

生物圈中水、碳、氮、磷的循环在生命活动中起着非常重要的作用。

（1）水循环。水是生命物质——原生质的重要组成部分，生物的一切生理生化活动必须在有水的条件下进行，没有水，生命就会停止。同时水循环为生态系统中物质和能量的交换提供了基础。此外，水还能起到调节气候，净化环境的作用。

水循环过程如图2-3所示，照射地球表面的太阳能除了很少一部分供植物光合作用的需要外，约有1/4用于蒸发水分，从而形成了生物圈中水的循环。水分不仅能从水面和陆地表

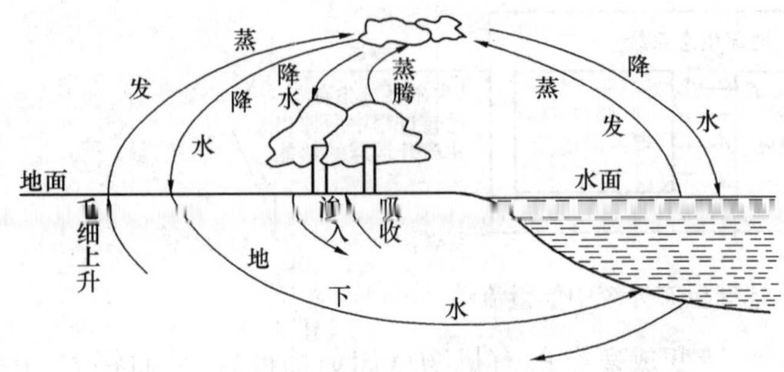

图 2-3 生态系统水循环

层蒸发，而且也可通过植物叶面的蒸腾作用而进入大气中。大气中的水遇冷则凝结成雨雪等，又落回地表。地球表面约 70% 为海滩等所占，而且海洋等水面蒸发的水比凝降返回的多。陆地上的情况恰恰相反，陆地的水一部分经河流、湖泊重返海洋；一部分渗入土壤或松散的岩层中，除被植物部分吸收外，其余均成为地下水，最后也缓慢流回海洋。水分虽然也会通过动物身体循环，但为量甚少。

（2）碳循环。碳也是构成生物体的主要元素，占生物总质量的 25%。它在自然界中以二氧化碳和碳酸盐的形式存在。碳在生态系统中的循环主要有四种形式，如图 2-4 所示。

碳循环的基本形式是通过植物的光合作用吸收空气中二氧化碳制成糖类等有机物质而释放出氧气，供动物需用。同时，植物和动物又通过呼吸作用吸入氧气而放出二氧化碳，重返空气中。

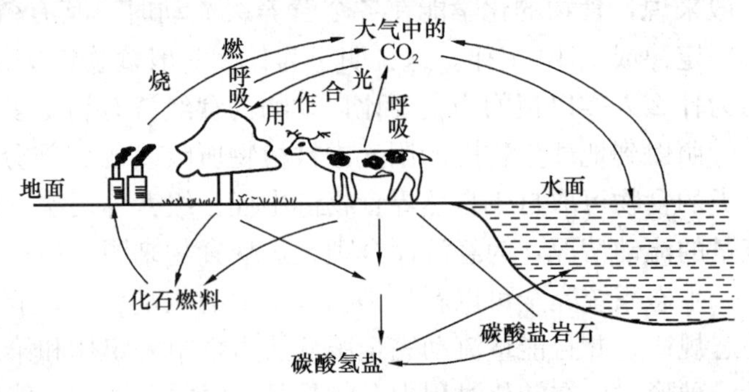

图 2-4 生态系统碳循环

碳循环的第二种形式是指生物死亡后的遗体经微生物分解破坏，最后氧化变成二氧化碳回到大气中去，再被植物利用。

地质史上生物遗体所形成的矿物燃料，如煤、石油、天然气等，它们被人类燃烧、火山活动或森林大火耗去空气中的氧而释放出二氧化碳，进入生态系统的碳循环。这是碳循环的第三种形式。

最后，空气中的二氧化碳有很大一部分为海水所吸收，逐渐转变为碳酸盐沉积海底，形成新岩石；或通过水生生物的贝壳和骨骼移到陆地。这些碳酸盐又从空气中吸收二氧化碳成为碳酸氢盐而溶于水中，最后也归入海洋。近代由于工业发展，人类大量耗用化石燃料，以致空气中二氧化碳的浓度不断增加，对世界的气候发生影响，对人类造成危害。

上述碳循环的几种形式是同时进行的，循环速度非常快。

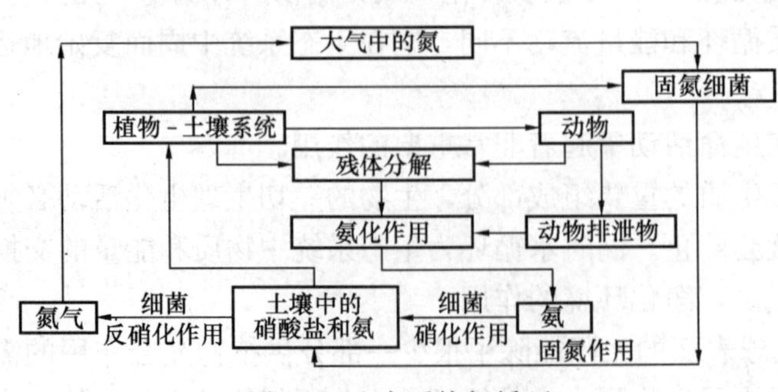

图 2-5 生态系统氮循环

（3）氮循环。氮是形成蛋白质、氨基酸和核酸的主要成分，是构成生物体有机物质的重要元素之一，而且它在许多环境问题中都有重要的作用。人类食物中缺乏蛋白质会引起营养不良，体力和智力均受到危害。

氮循环过程如图 2-5 所示，大气中含量丰富的氮（约占 79%）绝大部分不能被生物直接利用。大气氮进入生物有机体主要通过四个途径来完成。①生物固氮：由一些特殊的固氮细菌（如豆科植物的根瘤菌）或某些蓝绿藻，将空气中的氮转变成硝酸盐固定下来。植物从土壤中吸取硝酸盐和铵盐等，并在体内制成各种氨基酸，然后再合成各种蛋白质。动物通过食用植物而取得氮。动植物死后，身体中的蛋白质一部分被微生物分解成硝酸盐或铵盐而返回土壤中，供植物吸收利用。土壤中一部分硝酸盐在反硝化细菌的作用下转变成分子氮回到大气中。②工业固氮：生产和使用化学肥料也能将空气中氮变成铵盐而贮存于土壤中。③岩浆固氮：火山喷发时也会有氮气进入大气。④大气固氮：闪电、宇宙射线作用。

在施用氮合成的化学肥料时，会引起水体污染，并且，氮在燃烧过程中，也会造成大气中光化学烟雾的严重污染事故。

（4）磷循环。磷是维持生命所必需的另一重要元素，主要以磷酸盐的形式存在于自然界中。磷是携带遗传信息DNA的组成元素，是动物骨骼、牙齿和贝壳的重要组成成分。生物在新陈代谢过程中都需要磷。

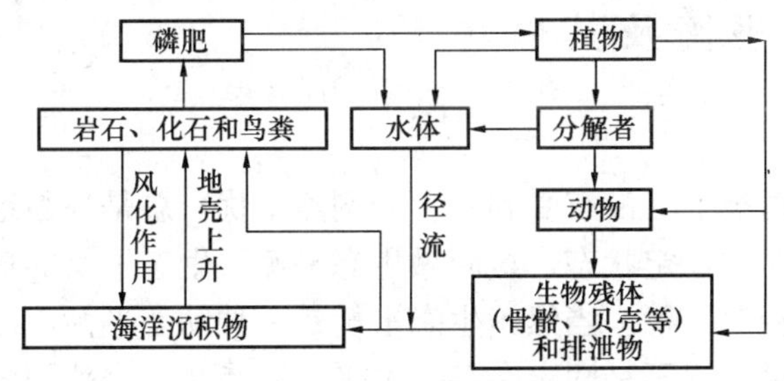

图2-6 生态系统磷循环

磷循环过程如图2-6所示，磷的主要来源是磷酸盐岩石以及鸟粪层和动物化石的天然磷酸盐矿床。磷酸盐岩石或矿床通过天然侵蚀或人工开采进入水体或食物链中，被植物吸收。生态系统中可利用的磷很少，因为磷酸盐难溶于水，且地球上含磷的岩石也很少。因此，缺磷常常是限制植物生长的因素之一。生物死亡后，躯体中的磷酸盐逐渐释放出来，回到土壤和海洋中。

在地表的温度和压力下，磷及其化合物不以气态形式存在，所以，磷不进行大气迁移。

磷经短期循环后最终大部分流失在深海沉积层中，一直到经过地质上的活动才又提升上来。人工开采磷矿作化学肥料使用，最后大半也是冲刷到海洋中去，只有小部分通过浅海的鱼类和鸟类又返回到陆地上。这样，磷在生物圈中只有较小的部分进行生物地质化学循环，大部分是单方向流动过程，以致成为一种不可更新的资源。因此，对磷矿资源的利用要从可持续发展的观点予以慎重考虑。

人类大量应用磷类洗涤剂和磷肥的结果，常使水体中磷养分过多，引起富营养化，使水生植物生长过盛，引起对环境的危害。

3. 信息传递

生态系统的信息包括营养信息、化学信息、物理信息和行为信息。这些信息最终都是在基因和酶的作用下以激素和神经系统为中介体现出来的。生态系统的信息传递在沟通生物群落与其生活环境之间、生物群落内各种群生物之间的关系上有重要意义，同时，它们在生态系统的调节方面具有重要作用。

4. 自我调节能力

生态系统具有自我调节恢复稳定状态的能力。系统的组成成分越多样，食物网越复杂，能量流动和物质循环的途径就越复杂，生态系统的调节能力也就越强；反之，成分越单调，结构越简单，则调节能力就越小。然而这种调节能力不是无限制的，是有一定幅度的，超过这个幅度，生态系统就会失调，从而生态系统遭到破坏。

使生态系统失去自我调节能力的主要因素有三种：一是种群成分的改变。例如，由于人为的干预，使一种控制草食动物的肉食动物消失，从而引起草食动物大量繁殖，最后导致草原生态系统的破坏。现在的苍蝇、蚊子、老鼠所以多，多到不利于人类生存，也是人类造成的。人类滥垦滥猎和滥施农药，消灭了控制这些动物的天敌，又为这些动物制造了暴发的环境，才造成它们的恶性发展。单一种植业的农田生态系统也正是由于缺乏多样性而易受昆虫破坏。二是环境因素的变化。例如，湖泊富营养化可使水质变坏，同时由于藻类过度生长所产生的毒素，以及由于藻类残体分解时消耗大量的溶解氧，使水中溶解氧大大减少，从而又会引起鱼类及其他水生生物死亡。三是信息系统的破坏。例如，石油污染导致回游性鱼类的信息系统遭到破坏，无法溯流产卵，以致影响回游性鱼类的繁殖，从而破坏了鱼类资源。

研究生态系统的自我调节能力，可为人类制定环境标准和对环境实行科学管理提供依据。

第二节　生态平衡及其破坏

一、生态平衡

生态系统中的能量流和物质循环在通常情况下（没有受到外力的剧烈干扰）总是平稳地进行着，与此同时生态系统的结构也保持相对的稳定状态，这叫做生态平衡。生态平衡的最明显表现就是系统中的物种数量和种群规模相对平稳。当然，生态平衡是一种动态平衡，即它的各项指标，如生产量、生物的种类和数量，都不是固定在某一水平，而是在某个范围内来回变化。这同时也表明生态系统具有自我调节和维持平衡状态的能力。当生态系统的某个要素出现功能异常时，其产生的影响就会被系统作出的调节所抵消。生态系统的能量流和物质循环以多种渠道进行着，如果某一渠道受阻，其他渠道就会发挥补偿作用。对污染物的入侵，生态系统表现出一定的自净能力，也是系统调节的结果。生态系统的结构越复杂，能量流和物质循环的途径越多，其调节能力或者抵抗外力影响的能力就越强。反之，结构越简单，生态系统维持平衡的能力就越弱。农田和果园生态系统是脆弱生态系统的例子。

在自然状态下，生态系统的演替必将自动地向着物种多样化、结构复杂化、功能完善化的方向发展。如果没有外来因素的干扰，生态系统最终将达到成熟的稳定阶段。

生态系统一旦失去平衡，会发生非常严重的连锁性后果。例如，20世纪50年代，我国曾发起把麻雀作为“四害”来消灭的运动。可是在大量捕杀了麻雀之后的几年里，却出现了严重的虫灾，使农业生产受到巨大的损失。后来科学家们发现，麻雀是吃害虫的好手。消灭了麻雀，害虫没有了天敌，就大肆繁殖起来，导致了虫灾发生、农田绝收一系列惨痛的后果。生态系统的平衡往往是大自然经过了很长时间才建立起来的动态平衡。一旦受到破坏，有些平衡就无法重建了，带来的恶果可能是人的努力无法弥补的。因此人类要尊重生态平衡，帮助维护这个平衡，而绝不要轻易去破坏它。

作为生物圈一分子的人类，对生态环境的影响力目前已经超过自然力量，而且主要是负面影响，成为破坏生态平衡的主要因素。人类对生物圈的破坏性影响主要表现在三个方面：一是大规模地把自然生态系统转变为人工生态系统，严重干扰和损害了生物圈的正常运转，农业开发和城市化是这种影响的典型代表；二是大量取用生物圈中的各种资源，包括生物的和非生物的，严重破坏了生态平衡，森林砍伐、水资源过度利用是其典型例子；三是向生物圈中超量输入人类活动所产生的产品和废物，严重污染和毒害了生物圈的物理环境和生物组分，包括人类自己，化肥、杀虫剂、除草剂、工业三废和城市三废是其代表。

生态平衡是靠一系列反馈机制维持的。物质循环与能量流动中的任何变化都会对系统发出信号，导致系统向进化或退化方向发展。反之，变化的结果又影响信号本身，使信号减弱，最终使原有平衡得以保持。

二、破坏生态平衡的因素

生态平衡的破坏既有自然原因，也有人为的因素。

自然原因主要是指自然界发生的异常变化或自然灾害。如火山爆发、山崩海啸、水旱灾害、地震、台风、流行病等，都会使生态平衡遭到破坏直至毁灭。例如，2004 年 12 月印度洋发生的海啸对当地的海洋生态系统造成了很大的破坏，对海洋生物的摧残难以估量。首先是对珊瑚礁和红树林的破坏，珊瑚礁是一种天然的防波堤，而红树林则是天然的减震器，不仅在海啸中如此，对于洪水和龙卷风也一样；另一个破坏是致使海洋生物无处产卵。

人为因素主要指人类对自然资源的不合理利用。

生态平衡和自然界中一般物理和化学的平衡不同，它对外界的干扰或影响极为敏感。因此，在人类生活和生产的过程中，常常会由于各种原因引起生态平衡的破坏。人为因素引起的生态平衡的破坏，主要有三种情况：

（1）物种改变引起平衡的破坏。人类有意或无意地使生态系统中某一种生物消失或往其中引进某一种生物，对整个生态系统造成影响。另外，滥猎滥捕鸟兽，收割式地砍伐森林，都会因某物种的数量减少或灭绝而使生态平衡破坏。如果苍蝇、蚊子、老鼠灭绝了，那么吃这些动物的鱼类、鸟类、兽类也无法生存，当然也会影响自然生态和人类自己。狼猎食家畜，危害牧业，从“以人为本”的观点出发，应当消灭。但狼被消灭以后，草食动物失去了控制，暴发性地繁殖，给草原带来了灭顶之灾。人们为了恢复草原，恢复生态，不得不又引进狼群，就像现在欧美一些国家所做的。这也可以说是从“以人为本”到“以生态为本”的认识的一种转变。

在我国“大跃进”年代，人们认为麻雀危害庄稼，从“以人为本”的观点出发，把它列入“四害”，在全国上下发动了一场消灭麻雀的人海战术。等麻雀不见了，害虫却暴发了，才发现麻雀有控制害虫的一面，而且是其主要的方面，于是转而“以生态为本”，把麻雀排除在“四害”之外。

（2）环境因素改变，引起平衡破坏。这也是第二环境问题的主要方面。工农业的迅速发展，有意或无意地使大量污染物质进入环境，从而改变生态系统的环境因素，影响整个生态系统，甚至破坏生态平衡。例如，人类要改善生活，就发展农业、牧业、林业，纯农、纯草、纯林有益于管理和提高产量和品质，但这不合乎物种多样性和生态平衡的“自然规则”，大自然就“差遣”了一支别动队——害虫，来干扰纯农、纯草、纯林。人类很苦恼，很无奈，几经努力，终于发明了 DDT。这个伟大的科学成果还获得了诺贝尔奖，但实践的结果，农药并不能消灭害虫，因为农药会增加害虫的抗药性，会杀死害虫的天敌，会残留和转移到土地、水源、植物、动物和人体之中，从而开创了一个污染环境、破坏生态、危害人体健康的时代。于是人类不得不转变方向，用改变作物的抗虫性、调整种植格局和生态管理的办法，来控制虫害和发展农林牧业，至今问题仍未真正解决。DDT 在许多国家早已禁用了，而在我国却是屡禁不绝。

(3) 来自系统的破坏。许多生物在生存的过程中，都能释放出某种信息素（一种特殊的化学物质），以驱赶天敌、排斥异种或取得直接或间接的联系以繁衍后代。但是，如果人们排放到环境中的某些污染物质影响某一动物信息素的排放，就会使生态平衡受到影响。

第三节 生态学的一般规律

一、相互依存与相互制约规律

相互依存与相互制约，反映了生物间的协调关系，是构成生物群落的基础。相互依存与相互制约又可理解为“物物相关”与“相生相克”。

“物物相关”指系统中不同种群、不同群落或系统之间及同种生物间相互依存、相互制约的关系。依存与制约关系是普遍存在的。因此，在生产建设中，特别是对需要排放废弃物、施用农药化肥、采伐森林、开垦荒地、猎捕动物、修建大型水利工程及其他重要建设项目时，务必注意调查研究，查清自然界各事物之间的相互关系，统筹兼顾，预测此种生产活动可能会对环境产生的影响（短期的和长期的、明显的和潜在的），从而作出全面安排。

“相生相克”指通过“食物”而相互联系与制约的协调关系。由存在的合理性可知每一种生物在食物链或食物网中，都占据一定的位置，并具有特定的作用。各生物种群之间相互依赖、彼此制约、协同进化。被食者为捕食者提供生存条件，同时又为捕食者控制；反过来，捕食者又受制于被食者，彼此相生相克，使整个体系（或群落）成为协调的整体。生物体间的这种相生相克作用，使生物保持数量上的相对稳定，这是生态平衡的一个重要方面。

当向一个生物群落（或生态系统）引进其他群落的生物种时，往往会由于该群落缺乏能控制它的物种（天敌）存在，使该物种种群暴发起来，从而造成灾害。

二、物质循环转化与再生规律

生态系统中，生产者、消费者和分解者，借助能量的不停流动，一方面不断地从自然界摄取物质并合成新的物质，另一方面又随时分解为原来的简单物质，即所谓“再生”，重新被植物所吸收，进行着不停顿的物质循环。

因此，要严格防止有毒物质进入生态系统，以免有毒物质经过多次循环后富集到危及人类的程度。而流经自然生态系统中的能量，流动是单向的，通常只能通过系统一次，它沿食物链转移时，每经过一个营养级，就有大部分能量被转化为热散失掉，无法加以回收利用。因此，为了充分利用能量，必须设计出能量利用率高的系统。如在农业生产中，应防止食物链过早截断，过早转入细菌分解；而是应该经过适当处理，如深加工、废物利用等，不让农业废弃物如树叶、杂草、秸秆、农产品加工下脚料以及牲畜粪便等直接作为肥料，被细菌分解，能量以热的形式散失掉，如秸秆发电、饲料加工等。

三、物质输入输出的平衡规律

物质输入输出的平衡规律又称协调稳定规律。它涉及生物、环境和生态系统三个方面。一个稳定、成熟的生态系统不受人类活动干扰时，生物与环境之间的输入与输出，是相互对立的关系，生物体进行输入时，环境必然进行输出，反之亦然。

生物体一方面从周围环境摄取物质；另一方面又向环境排放物质，以补偿环境的损失。也就是说，对于一个稳定的生态系统，无论对生物、对环境，还是对整个生态系统，物质的输入与输出总是相互平衡的。

四、相互适应与补偿的协同进化规律

生物与环境之间，存在着作用与反作用的关系。或者说，生物给环境以影响，反过来环境也会影响生物。

植物从环境吸收水和营养元素，同时，生物体又以其排泄物和尸体把相当数量的水和营养元素归还给环境，最后获得协同进化的结果。

五、环境资源的有效极限规律

任何生态系统中作为生物赖以生存的各种环境资源，在质量、数量、空间和时间等方面，都有其一定的限度，不能无限制地供给，因而其生物生产力通常都有一个大致的上限。也就是说，每一个生态系统对任何的外来干扰都有一定的忍耐极限，通过本身的自调能力来维持系统的动态平衡；当外来干扰超过此极限时，生态系统就会被损伤、破坏，乃至消亡。

所以，人们强调的“放牧强度不应超过草场的允许承载量。采伐森林、捕鱼狩猎和采集药材都不应超过能使各种资源永续利用的产量；保护某一物种时，必须要有足够供它生存、繁殖的空间；排污时，必须使排污量不超过环境的自净能力等。”是尊重自然规律的表现。

生态平衡以及生态系统的结构与功能与人类当前面临的人口、食物、能源、自然资源、环境保护五大社会问题紧密相关。解决问题的核心是控制人口的增长。

第三章 环境污染与防治

第一节 水污染及其防治

一、水体污染与自净

水体因接受过多的污染物而导致水体的物理、化学及生物学特性的改变和水质的恶化，从而影响水的有效利用，危害人体健康或者破坏生态环境，造成水质恶化的现象，就是人们常说的水污染。造成水体污染的原因有自然的和人为的两个方面。

自然污染主要是自然原因造成的。例如，特殊的地质条件使某些地区有某种化学元素的大量富集，天然植物腐烂过程中产生某种有害物质，以及降雨淋洗大气和地面后挟带各种物质流入水体等，都会影响当地水质。

人为污染是人类生活和生产活动中产生的废物对水的污染。它们包括生活污水、工业废水、农田排水和矿山排水等。此外，废渣和垃圾堆积在土地上或倾倒在水中、岸边，废气排放到大气中，经降雨淋洗和地面径流后各种杂质又流入水体，这些都会造成水的污染。当前，对水体造成较大危害的是人为污染。

（一）水污染的分类和影响

废水中污染物种类很多，根据污染杂质的不同，可把水污染物划分为化学性污染、物理性污染和生物性污染三大类。

1. 化学性污染

（1）酸碱污染。矿井排水、选矿厂废水及废石场淋溶水等常含有较多的酸、碱物质。酸碱污染会使水体的pH值发生变化，抑制细菌和其他微生物的生长，影响水体的生物自净，影响渔业，破坏生态平衡，并使水体不适于作饮用水源或其他工农业用水。

（2）重金属和有毒物质污染。酸性矿井水和选矿厂排放的废水中往往含有各种重金属，当采用氰法冶金时，废水中还会有有毒氰化物。汞、镉、铅、砷、铬等重金属对人体健康及生态环境的危害极大，闻名于世的水俣病就是由汞污染造成的，镉污染则会导致骨痛病。重金属排入天然水体后不可能减少或消失，却可能通过沉淀、吸附及食物链而不断富集，达到对生态环境和人体健康有害的浓度。

（3）需氧性有机物污染。碳水化合物、蛋白质、脂肪和酚、醇等有机物可在微生物作用下进行分解，分解过程中需要消耗氧，因此被统称为需（耗）氧性有机物。生活污水和选矿（浮选剂）等废水中都含有这类有机物。

大量需氧性有机物排入水体，会引起微生物繁殖和溶解氧的消耗。当水体中溶解氧降低至4mg/L以下时，鱼类和水生生物将不能在水中生存。水中的溶解氧耗尽后，有机物将由于厌氧微生物的作用而发酵，生成大量硫化氢、氨、硫醇等带恶臭的气体，使水质变黑发臭，造成水环境严重恶化。需氧有机物污染是水体污染中最常见的一种污染。

（4）营养物质污染。生活污水和工业废水中常含有一定数量的氮、磷等营养物质。这类营养物质排入湖泊、水库、河流中，会造成某些藻类大量繁殖，溶解氧下降，水生生态系统被破坏，这种现象被称为水体的“富营养化”。

“富营养化”一词来自湖沼学。湖沼学家认为，“富营养化”是湖泊衰老的一种表现。湖泊中植物营养元素含量增加，导致水生植物的大量繁殖，主要是各种藻类的大量繁殖，使鱼类生活的空间越来越小。藻类过度生长繁殖还将造成水中溶解氧的急剧变化。藻类在有阳光的时候，在光合作用下产生氧气；在夜晚无阳光的时候，藻类的呼吸作用和死亡藻类的分解作用所消耗的氧能在一定时间内使水体处于严重缺氧状态，从而严重影响鱼类生存。水体富营养化现象除发生在湖泊、水库中外，也发生在海湾内，但在有水流动的河流中发生较少。

水体中氮、磷含量的高低与水体富营养化程度有密切关系。就污水对水体富营养化作用来说，磷的作用远大于氮。

(5) 油类污染物。油类污染物有石油类和动植物油脂两种。工业含油污水所含的油大多为石油类物质，沿海及河口石油的开发、油轮运输、炼油工业废水的排放，都会导致水体受到油污染。含动植物油的污水主要产生于人的生活过程和食品工业。

油类污染物进入水体后影响水生生物的生长、降低水体的资源价值。油膜覆盖水面阻碍水的蒸发，影响大气和水体的热交换。油类污染物进入海洋，改变海面的反射率和减少进入海洋表层的日光辐射，对局部地区的水文气象条件可能产生一定的影响。大面积油膜将阻碍大气中的氧进入水体，从而降低水体的自净能力。

随着石油工业的发展，石油类物质对水体的污染越来越严重。石油污染对幼鱼和鱼卵的危害很大。石油类污染还能使鱼虾类产生石油臭味，降低水产品的食用价值。

2. 物理性污染

(1) 悬浮物污染。各类废水中均有悬浮杂质，排入水体后影响水体外观，增加水体的浑浊度，妨碍水中植物的光合作用，对水生生物生长不利。悬浮物还有吸附凝聚重金属及有毒物质的能力。

(2) 热污染。坑口电站和热电厂等工业都使用大量冷却水，当温度升高后的水排入水体时，将引起水体温度升高，溶解氧含量下降，微生物活动加强，某些有毒物质的毒性作用增加等，对鱼类及水生生物的生长有不利的影响。

(3) 放射性污染。主要由原子能工业及应用放射性同位素的单位引起，对人体有重要影响的放射性物质有^{90}Sr、^{137}Cs等。

3. 生物性污染

生物污染物质主要指废水中的致病性微生物，包括致病细菌、病虫卵和病毒。水中的生物污染物主要来自生活污水、医院污水、屠宰肉类加工废水和制革等工业废水。如生活污水中可能含有能引起肝炎、伤寒、霍乱、痢疾、脑炎的病毒和细菌以及蛔虫卵和钩虫卵等。

生物污染物污染的特点是数量大、分布广、存活时间长、繁殖速度快，必须予以高度重视。

(二) 废水的成分和性质

各种废水的成分和性质有很大的差别。这首先是因为各种废水的来源不同：来自居民区的生活污水和来自工厂的工业废水显然是不同的，来自农田、牧场的农业废水则又有它自己的特点。其次，即使是同一来源的废水，它的成分和性质也不是固定不变的，而往往是逐月逐日甚至逐时都有所变动。

1. 生活污水

生活污水是指居民在日常生活活动中所产生的废水，主要是生活废料和人的排泄物，其中包括厨房洗涤、沐浴、洗衣等的废水以及冲洗厕所等的污水。这类废水的成分及其变化取决于居民的生活状况、生活水平与生活习惯，其中污染物质的浓度则与用水量有关。

生活污水的特征是水质比较稳定，但浑浊、色深具恶臭，呈微碱性，一般不含有毒物质，但含有大量的有机物、细菌和病原体。污染程度一般较工业废水轻，但也必须经过处理才能达到排入水体的标准。表 3-1 所示为我国某些城市生活污水的水质分析结果。

表 3-1　我国某些城市生活污水水质分析资料

水质项目	北　京	上　海	西　安	武　汉	哈尔滨
pH	7.0～7.7	7.0～7.5	7.3～7.9	7.1～7.6	6.9～7.9
悬浮物	100～320	300～350	—	60～330	110～450
BOD_5	90～180	350～370	—	320～340	80～250
氨氮	25～45	40～50	22～33	15～60	15～50
氯化物	124～128	140～150	80～105	—	—
磷	30～35	—	—	—	—
钾	18～22	—	—	—	—

2. 工业废水

工业废水是指工业生产过程中排放出来的废水。由于工业类型、所用原料、生产工艺以及用水水质和管理水平等的差异，各种工业废水的成分和性质是千变万化、差别极大的。

工业废水中除冷却水等较清洁的生产废水（这种废水所受污染极轻微，通常可以直接排放或经简单处理后循环使用）外，都含有各种各样的污染物质，经过适当处理后，才能排入水体或城市下水道系统。一种废水往往含有多种污染物，不同企业排放的废水中污染源和污染物，如表 3-2 所示。

表 3-2　不同企业排放的废水中污染源和污染物

工厂类型	主要有害有毒物质
焦化厂	酚类、苯类、氰化物、硫化物、砷、焦油、吡啶、氨、萘
化肥厂	氨、氟化物、氰化物、酚类、苯类、铜、汞、砷
电镀厂	氰化物、铬、锌、铜、镉、镍
化工厂	汞、铅、氰化物、砷、萘、苯、硫化物、酸、碱等
石油化工厂	油、氰化物、砷、吡啶、芳烃、酮类
合成橡胶厂	氯丁二烯、二氯丁烯、丁间二烯、苯、二甲苯、乙醛
树脂厂	甲酚、甲醛、汞、苯乙烯、氯乙烯、苯、脂类
化纤厂	二硫化碳、胺类、酮类、丙烯腈、乙二醇
皮革厂	硫化物、铬、甲酸、醛、洗涤剂
造纸厂	硫化物、氰化物、汞、酚、砷、碱、木质素
油漆厂	酚、苯、甲醛、铅、锰、铬、钴
农药厂	各种农药、苯、氯醛、氯仿、氯苯、磷、砷、铅、氟

续表

工厂类型	主要有害有毒物质
制药厂	汞、铅、砷、苯、硝基物
煤气厂	硫化物、酚类、苯类、氨
染料厂	酚类、醌类、胺类、硫化物、硝基化合物
颜料厂	铅、镉、铬

工业废水是造成水体污染的主要污染源，其危害程度是很大的。由于工业废水的成分和性质的复杂性，因此，不同的工业废水应给予不同的处理和处置。

3. 农业废水

随着农药和化肥的大量使用，农田径流排水已成为天然水体的主要污染来源之一。施用于农田的农药和化肥除一部分被农作物吸收外，其余都残留在土壤和飘浮于大气中。经过降水的淋洗和冲刷，尤其是农田灌溉的排水，这些残留的农药（杀虫剂、除草剂、植物生长调节剂等）和化肥（氮、磷等）会随着降水和灌溉排水的径流和渗流进入地面水和地下水中。

农田径流和渗流水还会将农业废弃物（如农作物的杆、茎、根、叶以及牲畜粪便等）带入水体中，造成水体污染。近年来，为了增加肉蛋类消费，降低饲养成本，不少国家相继建立了大型饲养场。一个机械化奶牛场中，400 头母牛每天可产生约 14t 固体废物和 4.5t 液体废物。农业废水中还常常含有大量的致病细菌、病毒和寄生虫卵。

当农田采用污水灌溉时，污水中的许多污染物质更会随灌溉排水和雨后径流进入水体或渗入地下水。因此，农业废水的妥善处理也已提到日程上来。

（三）水体自净与水环境容量

1. 水体自净概念

未经妥善处理的废水任意排入天然水体，会使水中的物质组成发生变化，破坏原有的物质平衡，造成水质恶化。但与此同时，污染物质也参与水体中的物质转化和循环过程。经过一系列的物理、化学和生物学变化，污染物质被分离或分解，水体基本上或完全的恢复到原来的状态，这个自然净化的过程叫做水体自净。

2. 水体自净的机制

水体自净的过程十分复杂，受到很多因素的影响。从净化机理上看，水体自净过程可以分为以下几类：

（1）物理过程。水体自净的物理过程是指污染物由于稀释、扩散、沉淀和混合等作用而使污染物在水中的浓度降低的过程。其中稀释作用是一项重要的物理净化过程。废水排入水体后，逐渐与水相混合，污染物质的浓度将逐步降低。

（2）化学和物理化学过程。该自净过程是指污染物由于氧化、还原、分解、化合、凝聚、中和等反应而引起的水体中污染物质浓度降低的过程。

（3）生物化学过程。有机污染物进入水体后，在水中微生物的氧化分解作用下分解为无机物而使污染物浓度降低的过程称为生物化学过程。

3. 水环境容量

水体的自净作用说明了自然环境中存在着对污染物质的一定的容纳能力。从城市或工业企业等排放出来的污水、废水并不一定要处理到完全达到相应的水环境质量标准的程度才能排入水体。充分利用这种自净作用和容纳能力，正确、经济、合理地确定废水应该处理的程度，这对于环境管理或环境工程无疑都是十分重要的。

一定水体在规定的环境目标下所能容纳污染物质的最大负荷量就称为水环境容量。其容量的大小与下列因素有关：

(1) 水体的用途和功能。我国地面水环境质量标准中，按照水体的用途和功能将水体分为五类，每类水体规定有不同的水质标准。显然，水体的功能越强，对其要求的水质目标也越高，其水环境容量必将减小；反之，当水体的水质指标不甚严格时，水环境容量可能会大一些。

(2) 水体特性。水体本身的特性，如河宽、河深、流量、流速以及其天然水质等，对水环境容量的影响很大。

(3) 水污染物的特性。水污染物的特性包括扩散性、降解性等，都影响水环境容量。一般，污染物的物理、化学性质越稳定，其环境容量越小；耗氧性有机物的水环境容量比难降解有机物的水环境容量大得多；而重金属污染物的水环境容量则甚微。

水体对某种污染物质的水环境容量可用下式表示：

$$W = V(c_S - c_B) + C$$

式中 W——某地面水体对某污染物的水环境容量，kg；

V——该地面水体的体积，m^3；

c_S——地面水中某污染物的环境标准（水质指标），mg/L；

c_B——地面水中某污染物的浓度，mg/L；

C——地面水对该污染物的自净能力，kg。

二、水质指标

水质，即水的品质。自然界中没有绝对纯净的水，无论是天然水还是各种污水、废水里都含有一定数量的杂质。因此，水质就是指水与其中所含杂质共同表现出来的物理学、化学和生物学的综合特性。在环境工程中，常用“水质指标”来衡量水质的好坏，即表征水体受到污染的程度。

水质指标项目繁多，可以分为物理性、化学性、生物性三大类。

(一) 物理性指标

1. 温度

许多工业排出的废水都有较高的温度，这些废水排入水体使水温升高，引起水体的热污染。水温升高影响水生生物的生存和对水资源的利用。氧气在水中的溶解度随水温升高而减小。这样，一方面水中溶解氧减少，另一方面水温升高加速耗氧反应，最终导致水体缺氧或水质恶化。

2. 色度

色度是一项感官性指标。一般纯净的天然水是清澈透明的，即无色的。但带有金属化合物或有机化合物等有色污染物的污水呈现各种颜色。将有色污水用蒸馏水稀释后与参比水样对比，一直稀释到两水样色差一样，此时污水的稀释倍数即为其色度。

3. 嗅和味

嗅和味同色度一样也是感官性指标，可定性反映某种污染物的多少。天然水是无嗅无味的。当水体受到污染后会产生异样的气味。水的异臭来源于还原性硫和氮的化合物、挥发性有机物和氯气等污染物质。不同盐分会给水带来不同的异味，如氯化钠带咸味，硫酸镁带苦味，铁盐带涩味，硫酸钙略带甜味等。

4. 固体物质

水中所有残渣的总和称为总固体（TS），总固体包括溶解物质（DS）和悬浮固体物质（SS）。水样经过滤后，滤液蒸干所得的固体即为溶解性固体（DS），滤渣脱水烘干后即是悬浮固体（SS）。固体残渣根据挥发性能可分为挥发性固体（VS）和固定性固体（FS）。将固体在600℃的温度下灼烧，挥发掉的量即是挥发性固体（VS），灼烧残渣则是固定性固体（FS）。溶解性固体表示盐类的含量，悬浮固体表示水中不溶解的固态物质的量，挥发性固体反映固体的有机成分量。

（二）化学性指标

化学性水质指标包括有机物指标和无机物指标。下面介绍几种常用的衡量水中有机物质的指标。

污水中有机污染物的组成较复杂，现有技术难以分别测定各类有机物的含量，通常也没有必要。从水体有机污染物看，其主要危害是消耗水中溶解氧。在实际工作中，一般采用生物化学需氧量(BOD)、化学需氧量(COD、OC)、总有机碳(TOC)、总需氧量(TOD)等指标来反映水中需氧有机物的含量。

1. 生化需氧量(BOD)

水中有机污染物被好氧微生物分解时所需的氧量称为生化需氧量（单位为 mg/L）。它反映了在有氧的条件下，水中可生物降解的有机物的量。生化需氧量越高，表示水中需氧有机污染物越多。

有机污染物被好氧微生物氧化分解的过程，一般可分为两个阶段：第一阶段主要是有机物被转化成二氧化碳、水和氨；第二阶段主要是氨被转化为亚硝酸盐和硝酸盐。污水的生化需氧量通常只指第一阶段有机物生物氧化所需的氧量。微生物的活动与温度有关，测定生化需氧量时一般以 20℃作为测定的标准温度。一般生活污水中的有机物需 20 天左右才能基本上完成第一阶段的分解氧化过程，即测定第一阶段的生化需氧量至少需 20 天时间，这在实际工作中有困难。目前以 5 天作为测定生化需氧量的标准时间，简称 5 日生化需氧量（用 BOD_5 表示）。据实验研究，一般有机物的 5 日生化需氧量约为第一阶段生化需氧量的 70%。对其他工业废水来说，它们的 5 日生化需氧量与第一阶段生化需氧量之差，可以较大或比较接近，不能一概而论。

2. 化学需氧量(COD)

化学需氧量是用化学氧化剂氧化水中有机污染物时所消耗的氧化剂量，用氧量（单位为 mg/L）表示。化学需氧量越高，也表示水中有机污染物越多。常用的氧化剂主要是重铬酸钾和高锰酸钾。以高锰酸钾作氧化剂时，测得的值称 COD_{Mn} 或简称 OC。以重铬酸钾作氧化剂时，测得的值称 COD_{Cr}，或简称 COD。如果废水中有机物的组成相对稳定，则化学需氧量和生化需氧量之间应有一定的比例关系。一般来说，重铬酸钾化学需氧量与第一阶段生化需氧量之差，可以粗略地表示不能被需氧微生物分解的有机物量。

3. 总有机碳(TOC)与总需氧量(TOD)

目前应用的 5 日生化需氧量(BOD_5)测试时间长，不能快速反映水体被有机物质污染的程度。有时进行总有机碳和总需氧量的试验，以寻求它们与 BOD_5 的关系，实现自动快速测定。

总有机碳(TOC)包括水样中所有有机污染物质的含碳量，也是评价水样中有机污染物质的一个综合参数。有机物中除含有碳外，还含有氢、氮、硫等元素，当有机物全都被氧化时，碳被氧化为二氧化碳，氢、氮及硫则被氧化为水、一氧化氮、二氧化硫等，此时需氧量称为总需氧量(TOD)。

TOC和TOD都是燃烧化学氧化反应，前者测定结果以碳表示，后者则以氧表示。TOC、TOD的耗氧过程与BOD的耗氧过程有本质不同，而且由于各种水样中有机物质的成分不同，生化过程差别也较大。各种水质之间TOC或TOD与BOD不存在固定的相关关系。在水质条件基本相同的条件下，BOD与TOC或TOD之间存在一定的相关关系。

4. 溶解氧（DO）

DO指溶解于水中的分子氧（单位为mg/L)。水体中DO含量的多少也可反映出水体受污染的程度。DO越少，表明水体受污染的程度越严重。清洁河水中的DO一般在5mg/L左右。当水中DO低至3～4mg/L时，许多鱼类呼吸发生困难，不易生存。

（三）生物性指标

1. 细菌总数

水中细菌总数反映了水体受细菌污染的程度。细菌总数不能说明污染的来源，必须结合大肠菌群来判断水体污染的来源和安全程度。

2. 大肠菌群

水是传播肠道疾病的一种重要媒介，而大肠菌群被视为最基本的粪便污染指示菌群。大肠菌群的值可表明水样被粪便污染的程度，间接表明有肠道病菌（伤寒、痢疾、霍乱等）存在的可能性。

三、水污染防治

（一）水污染防治的基本原则和方法

1. 废水控制的基本原则

废水最有效的控制方法就是推行清洁生产。清洁生产重视对产品的生命周期进行分析和管理，是一种生产全过程的污染控制和管理方法。通过清洁生产，使资源和能源的用量最小化，利用率达到最大化，污染排放量降到最小。

(1) 改革工艺、抓源治本。改革工艺是减少污染源产生的最根本、最有效的途径。如选矿厂，可采用无毒药剂代替有毒药剂，选择污染程度小的选矿方法（如磁选、重选等），减少选矿废水中的污染物质。国外已开始应用无氰浮选工艺。我国也有不少单位正在开展氰化物及重铬酸盐等剧毒药剂代用品方面的研究，并取得了一定的实效。如广东某铅锌矿，过去一直是采用氰化钠作为铅锌分选的抑制剂，致使尾矿水和铅锌精矿浓缩溢流水中含氰量大大超过排放标准，污染了几千亩农田，造成了大量牲畜及水生物死亡。现改成无毒浮选工艺，采用硫酸锌代替氰化钠，不仅减少了污染危害，而且也提高了选矿厂的经济效益。

(2) 循环用水、一水多用。采用循环供水系统，使废水在一定的生产过程中多次重复使用或采用接续用水系统，既能减少废水的排放量，减少环境污染，又能减少新水的补充，节省水资源，解决日益紧张的供水问题。如河北某铜矿，每天排放废水达两万余吨，过去直接排入渤海，造成海水的污染。后来该矿进行了选矿工艺改革，加高了尾矿坝，开凿了1000多米地下隧道，架设了几百米的污泥管道，使尾矿溢流水利用高差自流到选矿厂循环利用，使水的回收率达到90%以上，基本上实现废水闭路循环使用。

(3) 化害为利、变废为宝。废水的污染物质，大都是产品在生产和加工过程中进入水中的有用元素、成品、半成品及其他能源物质，排放这些物质既污染环境，又造成了很大的浪费。因此，尽量回收废水中的有用物质，变废为宝、化害为利。如从造纸废水中回收纸浆，石油废水中回收石油，冶炼废水中回收重金属等。

2. 水污染防治的原则

进行水污染防治，根本的原则是将“防”、“治”、“管”三者结合起来。

“防”是指对污染源的控制，通过有效控制使污染源排放的污染物量减到最小。如对工业污染源，最有效的控制方法是推行清洁生产。对生活污染源，也是可以通过有效措施减少其排放量。如推广使用节水用具，提高民众节水意识，降低用水量，从而减少生活污水排放量。

“治”是水污染防治中不可缺少的一环。通过各种预防措施，污染源可以得到一定程度的控制，但要实现“零排放”是很困难的，或者几乎是不可能的，如生活污水的排放就不可避免。因此，必须对废水进行妥善的处理，确保在排入水体前达到国家或地方规定的排放标准。

应十分注意工业废水处理与城市污水处理的关系。对于含有酸碱、有毒有害物质、重金属或其他特殊污染物的工业废水，一般应在厂内就地进行局部处理，使其能满足排放至水体的标准或排放至城市下水道的水质标准。那些在性质上与城市生活污水相近的工业废水，则可优先考虑排入城市下水道与城市污水共同处理，单独对其设置污水处理设施不仅没有必要，而且不经济。

城市废水收集系统和处理厂的设计，不仅应考虑水污染防治的需要，同时应考虑到缓解水资源矛盾的需要。在水资源紧缺的地区，处理后的城市污水可以回用于农业、工业或市政，成为稳定的水资源。为了适应废水回用的需要，其收集系统和处理厂不宜过分集中，而应与回用目标相接近。

“管”是指对污染源、水体及处理设施的管理。“管”在水污染防治中也占据十分重要的地位。科学的管理包括对污染源的经常监测和管理，对污水处理厂的监测和管理，以及对水体卫生特征的监测和管理。

3. 废水处理的基本方法

废水处理的方法很多，归纳起来可分为物理法、化学法和生物法。

(1) 物理法是利用物理作用来分离废水中主要呈悬浮状态的污染物质，在处理过程中不改变其化学性质，如沉淀、气浮、过滤等。

(2) 化学法是利用化学反应的作用来分离、回收和破坏废水中各种形态的污染物质，如中和、氧化还原、电解、混凝、汽提、萃取、吹脱、吸附、离子交换、电渗析等。

(3) 生物法主要是利用微生物的代谢作用，使废水中呈溶解和胶体状态的有机污染物质转化为无害的物质。根据微生物的类别，目前常用的生物法可分为好氧生物处理和厌氧生物处理。好氧生物处理又有活性污泥法、生物膜法、氧化塘等。

在实际废水处理中，以上各种处理方法往往要配合使用。这种由若干个处理方法合理组配而成的废水处理系统，称为废水处理流程。按照不同的处理程度，废水处理系统可分为一级处理、二级处理和三级处理。

一级处理只去除废水中的漂浮物和部分悬浮态的污染物质。物理法中的大部分方法是用于一级处理的。废水经过一级处理后，一般达不到排放标准，尚需进行二级处理。所以一般以一级处理作为预处理。

二级处理的任务是去除废水中呈溶解和胶体状态的有机污染物质。生物法是最常用的二级处理方法，比较经济有效。通过二级处理，一般废水均能达到排放标准。

三级处理又称深度处理或高级处理。当出水水质要求很高时，为进一步去除二级处理未能去除的污染物质，其中包括微生物以及未能降解的有机物或磷、氮等可溶性无机物，以便达到某些水体要求的水质标准或直接回用于工业，就需要在二级处理之后再进行三级处理。

（二）废水处理技术

1. 物理法

（1）隔栅和筛网。隔栅和筛网是污水处理厂的第一个处理单元，用来去除可能堵塞水泵、管道及阀门的较粗大悬浮物，保证后续处理设施能正常运行。

隔栅由一组平行的金属栅条制成，栅条间形成缝隙，截留效率取决于缝隙宽度。当隔栅设在污水泵站前，缝隙宽度通常大于 50mm，当设在沉砂池或沉淀池前时，一般采用 15～40mm。为防止栅条间隙被堵塞，废水通过栅条间隙的流速不应小于 0.8～1.0mm/s。

隔栅分人工清捞和机械清捞两种。每天栅渣量大于 0.2m^3 时，采用机械清捞。大型废水处理厂一般采用机械清捞的隔栅，以减轻工人的劳动。

当需要去除水中纤维、纸浆、藻类等稍小的杂物时，可选用不同孔径的筛网。筛网装置的类型很多，有旋转式、转鼓式、转盘式、振动筛等。在大型地面水处理厂的取水口处常装设旋转式筛网。活动筛网可置于初次沉淀池前，也可用以筛滤初次沉淀池出水，直接进行砂滤，避免管道、布水设备和砂滤层的堵塞。

（2）沉淀法。沉淀法是利用废水中的悬浮颗粒和水比重不同的原理，借助重力沉降作用将悬浮颗粒从水中分离出来的水处理方法，应用十分广泛。在污水处理厂中，通常需设置两个不同的沉淀设备，一种为沉砂池，另一种为沉淀池。

沉砂池的作用是去除废水中所挟带的砂粒、煤渣等比重较大的无机颗粒杂质，一般设在沉淀池之前，可以使沉淀池污泥具有较好的流动性，且不致磨损污泥处理设备。为了保证沉砂池能很好地沉淀砂粒，又使比重较小的有机悬浮物颗粒不被截留，应严格控制水流速度，一般沉砂池的水平流速在 0.15～0.3m/s 之间为宜，停留时间不少于 30s。

沉淀池包括平流式、竖流式和辐流式三种。平流式沉淀池是一个矩形的池子，废水从池的一端流入，按水平方向在池内流动，水中悬浮物质逐渐沉到池底，澄清的水则从另一端流出，如图 3-1 所示。辐流式沉淀池多为圆形，如图 3-2 所示。它的直径较大，一般在 20～30m，适用于大型污水处理厂。

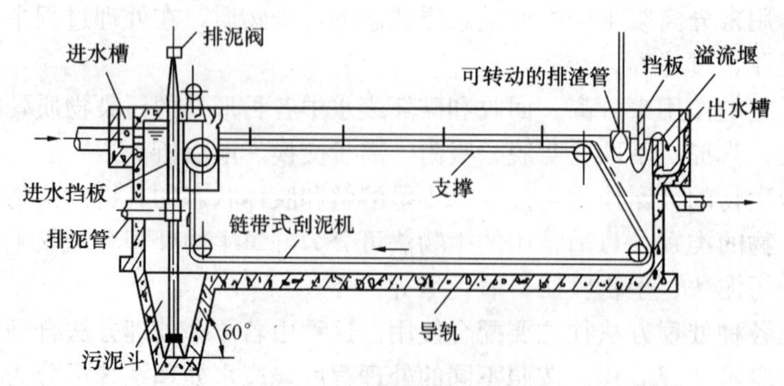

图 3-1 平流式沉淀池

（3）过滤。利用粒状

介质层截留水中细小悬浮物的方法，称为过滤。过滤的主要作用是能有效去除沉淀技术不能去除的微小粒子和细菌等，而且对 BOD 和 COD 等也有某种程度的去除效果。因此，过滤常用于废水的深度处理和饮用水处理过程。

过滤工艺包括过滤和反洗两个基本阶段。过滤即截留污染物；反洗则把污染物从滤层中洗去，恢复滤料的过滤功能。

进行过滤操作的构筑物称为滤池。按采用的滤料类型分，有单层滤池、双层滤池和多层滤池；按作用动力分，有重力滤池和压力滤池；按构造特征分，有普通快滤池、虹吸滤池和无阀滤池。

压力滤池是密闭的钢罐，其组成部分与快滤池相同，只是过滤操作在压力下进行，因此，滤速较高。压力滤池在工业给水处理过程中应用较多。

压力滤池的构造如图 3-3 所示。其滤料的粗度、厚度都比普通快滤池的大，粒径一般为 0.6～1.0mm，滤料厚度一般为 1.1～1.2m，滤速为 8～10m/h，甚至更大。压力滤池的反洗常用压缩空气辅助冲洗，以节省冲洗水量，提高冲洗效果。

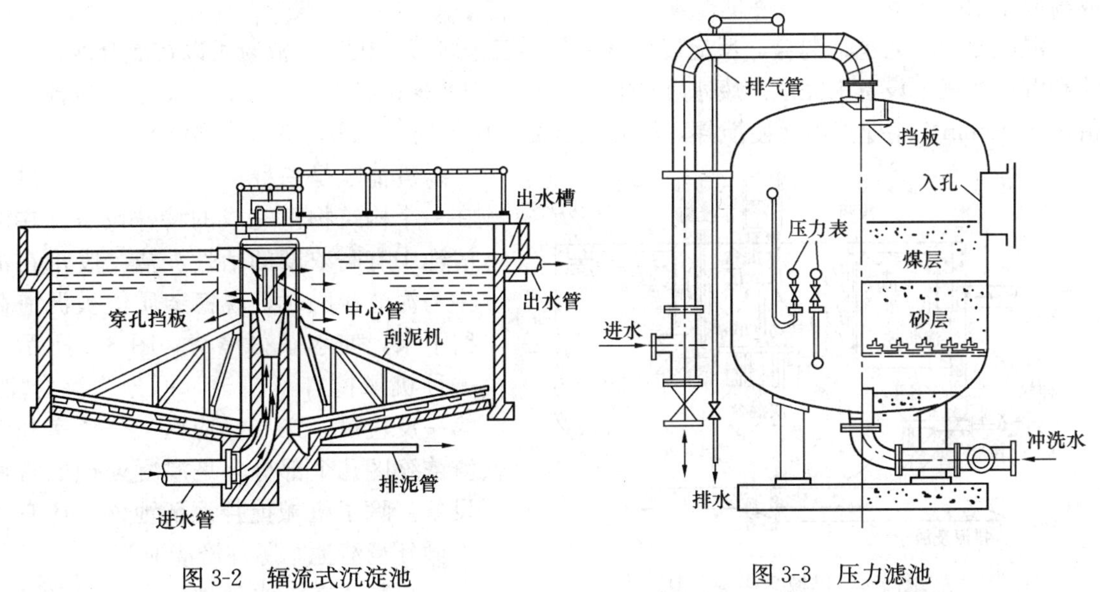

图 3-2 辐流式沉淀池　　图 3-3 压力滤池

压力滤池耗费钢材多，投资较大，但因占地少，又有定型产品，可缩短建设周期，且运转管理方便，在工业中采用较广。

(4) 气浮法。气浮法就是在废水中通入空气，产生大量微小气泡作为载体去黏附废水中微细的悬浮物质，使其随气泡一起上浮到水面，形成浮渣，然后用机械方法撇除，从而使得污染物从废水中分离出来。

气浮时要求气泡的分散度高，量多，有利于提高气浮的效果。泡沫层的稳定性要适当，既便于浮渣稳定在水面上，又不影响浮渣的运送和脱水。常用的产生气泡的方法有两种。

1) 机械法：使空气通过微孔管、微孔板、带孔转盘等生成微小气泡。

2) 压力溶气法：将空气在一定的压力下溶于水中，并达到饱和状态，然后突然减压，过饱和的空气便以微小气泡的形式从水中逸出。目前废水处理中的气浮工艺多采用压力溶气法。

气浮法的优点主要有：处理效率较高，一般只需 15～20min 即可完成固液分离，且占地较少；生成的污泥较干燥，不易腐化，表面刮渣也比较方便；处理过程向水中曝气，增加了水中的溶解氧，对去除水中的有机物、表面活性剂及臭味等有明显效果。气浮法的缺点是：电耗较大；设备维修管理工作量增加；浮渣露出水面，易受风、雨等气候因素影响。

2. 化学法

(1) 混凝。废水中常常含有用自然沉降法不能除去的悬浮微粒和胶体污染物。对于这样的污染物质，必须首先投加化学药剂来破坏胶体和悬浮微粒在水中形成的稳定分散系，使其聚集为具有明显沉降性能的絮凝体，然后用重力沉降法予以分离。这样的处理方法为混凝法。

混凝包括凝聚和絮凝两个过程。凝聚是指胶体脱稳并聚集为微小絮粒的过程；絮凝是指微絮粒通过吸附、卷带和桥连而形成更大的絮体的过程。

常用的混凝剂有硫酸铝、聚合氯化铝等铝盐，硫酸亚铁、三氯化铁等铁盐，以及有机合成高分子絮凝剂等。

混凝处理工艺包括混合、反应以及絮体分离三个阶段，因此，混凝可以在混合池、反应池和沉淀池三个设备中完成。废水和药物在混合池中快速搅拌 1～5min，在絮凝反应池中滞留 20～40min，用搅拌器缓慢搅拌，然后在沉淀池中停留 3～5h，进行分离。

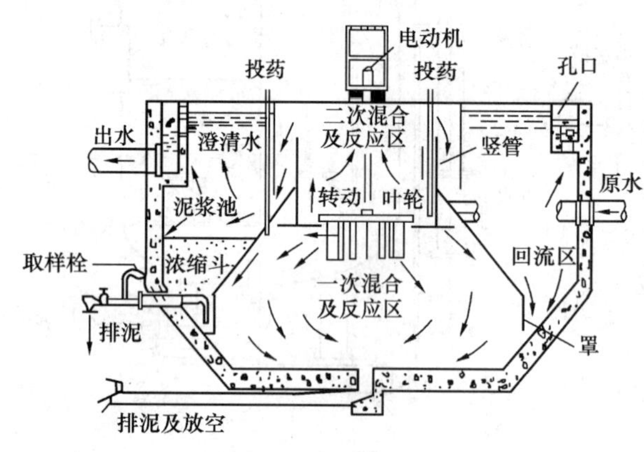

图 3-4 机械搅拌澄清池

澄清池是一种可以将上述三个过程在一个构筑物里完成的特殊设备。在澄清池中有高浓度的活性泥渣，废水在池中与泥渣接触时，脱稳杂质便被泥渣截留下来，使水获得澄清。图 3-4 所示是一种机械搅拌澄清池，可分为混合室、第一反应区、第二反应区、分离室和泥渣浓缩区几个部分，是混凝处理的常用设备。除了机械搅拌澄清池外，还有水力循环澄清池、脉冲澄清池等。

混凝法在废水处理中可以用于预处理、中间处理和深度处理的各个阶段。它除了用于除浊、除色之外，对高分子化合物、动植物纤维物质、部分有机物质、油类物质、微生物、某些表面活性物质、农药和汞、镉、铅等重金属都有一定的清除作用，应用十分广泛。其优点是设备费用低，处理效果好，管理简单；缺点是要不断向废水中投加混凝剂，运行费用较高。

(2) 中和。中和处理是利用酸碱相互作用生成盐和水的化学原理，将废水从酸性或碱性调整到中性附近的处理方法。

酸性废水的中和处理最常用的是投药中和法。投药中和可以处理任何浓度、任何性质的酸碱废水，可以进行废水的 pH 值调整，是应用最广泛的一种中和方法。该方法最常用的是投加碱性药剂石灰，价廉，原料普遍，易制成乳液投加；但投加石灰乳的劳动条件差，污泥较多且脱水困难，仅在酸性废水中含有金属盐类时采用。另外该方法还可采用苛性钠、碳酸钠和氨水为碱性药剂，具有组成均匀，易于贮存和投加，反应迅速，易溶于水且溶解度高等优点，但价格高。中和法流程如图 3-5 所示。

碱性废水常用废酸、酸性废水、酸性废气（如烟道气）等进行中和处理。压缩二氧化碳气体也可以用来中和碱性废水，但由于成本较高，限制了推广使用。

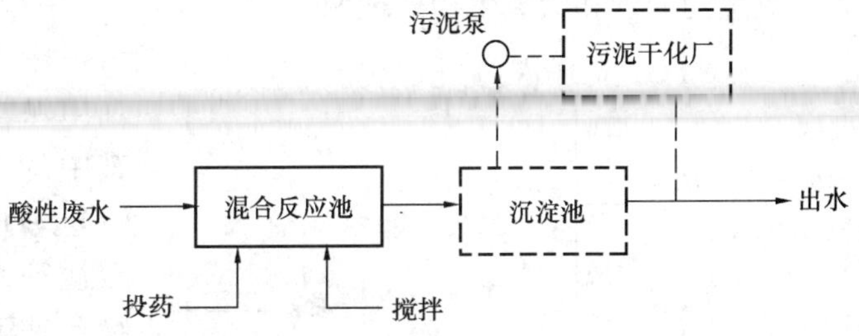

图 3-5 中和流程图

(3) 氧化还原。通过化学药剂与污染物质之间的氧化还原反应，将废水中有毒有害污染物转化成无害或毒性不大的新物质，称为氧化还原法。

水处理中常用的氧化剂有氧、臭氧、漂白粉、次氯酸钠、三氯化铁等。氧的化学氧化性是很强的，但用氧气进行氧化反应速度很慢。氯系氧化剂氧化能力强，广泛应用在给水和废水处理中，常用于消毒、降低 BOD、消除异味和脱色、氧化某些有毒有害物质，如氰化物、硫化物、酚等。臭氧的氧化能力在天然元素中仅次于氟，对各种有机基因均有较强的氧化能力。因此臭氧在水处理中可用于除臭、脱色、杀菌、除铁、除锰、除氰化物、除有机物等。

还原法常用于含铬、含汞废水的还原处理，常用的还原剂有硫酸亚铁、亚硫酸盐、氯化亚铁、铁屑、锌粉、二氧化硫、硼氢化钠等。

含六价铬废水的还原处理有亚硫酸氢钠法、硫酸亚铁石灰法、铁屑法等。处理含汞废水时，常用的还原剂有比汞活泼的金属（铁屑、锌粒、铝屑、铜屑等）及硼氢化钠等。金属还原汞时，将含汞废水通过金属屑滤床，废水中的汞离子被还原为金属汞而析出，金属本身被氧化为离子而进入水中。还原出的汞粒经分离或加热回收。

(4) 化学沉淀法。化学沉淀法是指向废水中投加某些化学药剂，使其与废水中的溶解性污染物发生互换反应，形成难溶于水的盐类（沉淀物）从水中沉淀出来，从而除去水中的污染物。

化学沉淀法多用于在水处理中去除钙、镁离子以及废水中的重金属离子。水中 Ca^{2+}、Mg^{2+} 离子含量的总和称总硬度。碳酸盐硬度可投加石灰使水中的 Ca^{2+} 和 Mg^{2+} 形成 $CaCO_3$ 和 $Mg(OH)_2$ 沉淀而降低；降低非碳酸盐硬度，可采用石灰—苏打软化法，使 Ca^{2+} 和 Mg^{2+} 生成沉淀除去。因此，当原水硬度较高时，可先用化学沉淀法作为离子交换软化的前处理，以节省离子交换的运行费用。

去除废水中的重金属离子时，一般用投加碳酸盐的方法，生成的金属离子碳酸盐的溶度积很小，便于回收。如利用碳酸钠处理含锌废水：

$$ZnSO_4 + Na_2CO_3 \longrightarrow ZnCO_3 \downarrow + Na_2SO_4$$

此法的优点是经济简便、药剂来源广，因此在处理重金属废水时应用最广；存在的问题是劳动卫生条件差，管道易结垢堵塞和腐蚀，沉淀体积大，脱水困难，至今国内外还没有一个经济有效的处理方法。

3. 生物法

在自然环境中，存在着大量微生物，它们具有氧化分解有机物并将其转化为无机物的巨大能力。废水的生物处理就是在人工创造的有利于微生物生命活动的环境中，利用微生物的生命活动过程以去除废水中有机物的处理方法。它主要用于去除污水中溶解性和胶体性有机物，降低水中氮、磷等营养物质的含量。生物处理可根据微生物生长对氧环境的要求不同，分为好氧生物处理和厌氧生物处理两大类。

好氧生物处理是在不断供氧的环境中，利用好氧微生物的生命活动来分解有机物，其中约有 1/3 的有机物被分解或氧化为 CO_2、H_2O、NH_3、亚硝酸盐、硝酸盐、硫酸盐等无机物，另 2/3 的有机物则由微生物合成新细胞。好氧生物处理过程中有机物的转化如图 3-6 所示。

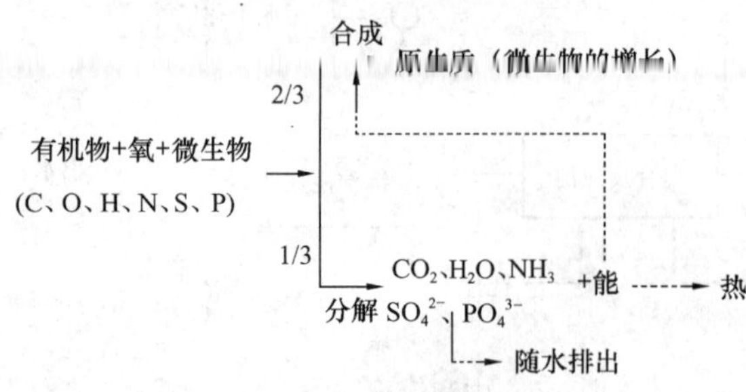

图 3-6 好氧生物处理过程中有机物转化示意图

厌氧生物处理是指在无分子氧条件下，通过厌氧微生物和兼性微生物的作用，将废水中的各种复杂有机物分解转化成甲烷和二氧化碳等物质的过程，也称为厌氧消化。厌氧生物处理过程中有机物的转化如图 3-7 所示。

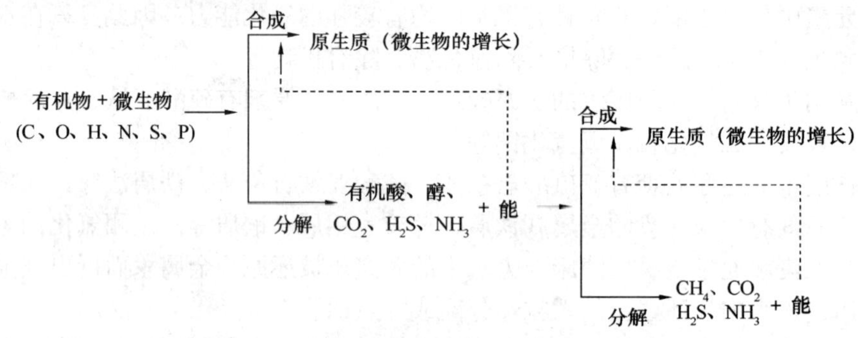

图 3-7 厌氧生物处理过程中有机物转化示意图

好氧生物处理效率高，应用广泛，已成为城市废水处理的主要方法。但好氧生物处理的能耗较高，剩余污泥量较多，特别不适宜处理高浓度有机废水和污泥。厌氧生物处理与好氧生物处理的显著差别在于：厌氧生物处理不需供氧；最终产物为热值很高的甲烷气体，可用作清洁能源。因而它特别适宜于处理城市废水处理厂的污泥和高浓度有机工业废水。

（三）废水处理流程

1. 城市废水处理流程

城市废水处理流程如图 3-8 所示。显然这是一个二级处理系统。

2. 炼油厂废水处理流程

炼油厂废水处理流程如图 3-9 所示。炼油厂废水含油、硫、碱以及酚等有机污染物，因此其处理流程包括了中和池、脱硫塔、隔油池、气浮池以及生物处理设施，从隔油池和气浮池排出的浮油，经脱水后可回收，油渣则进行焚烧处理。

3. 生物脱氮除磷处理流程

生物脱氮除磷处理流程如图 3-10 所示。此流程利用了硝化反硝化的作用原理，使废水中的氨氮在微生物作用下氧化为硝酸盐后，再还原为氮气逸出。同时，利用微生物在厌氧条件下释放磷，好氧条件下吸收磷，达到除磷的目的。

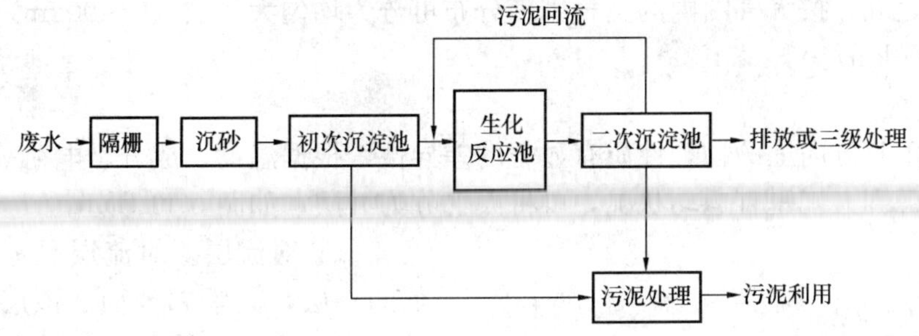

图 3-8 城市废水处理流程

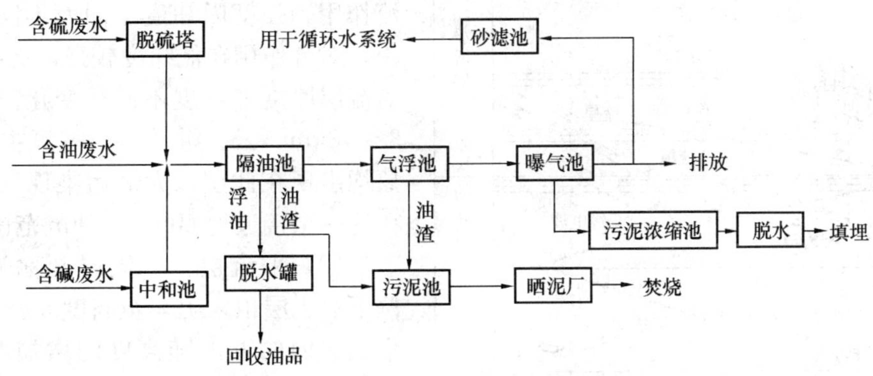

图 3-9 炼油厂废水处理流程

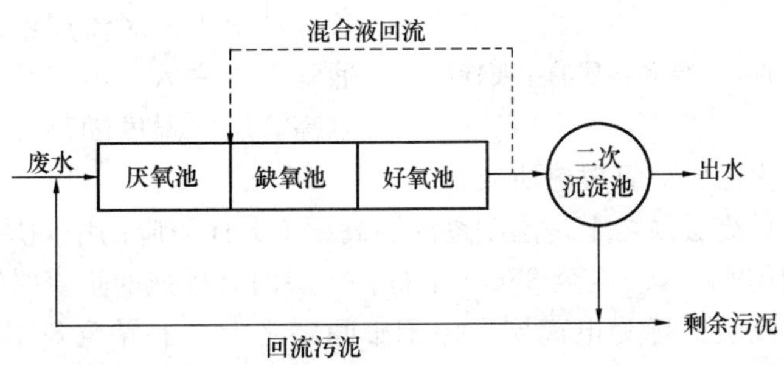

图 3-10 生物脱氮除磷处理流程

第二节 大气污染与控制技术

一、大气环境与大气污染

（一）大气环境与大气结构

1. 大气环境

大气包括稳定组分氮、氧、氩、多种微量气体以及可变组分二氧化碳和水蒸气、臭氧、甲烷等。其中稳定组分几乎占大气总量的100%。可变组分随地区、季节、气象因素等的影响而变化。可变组分的浓度虽然很小，但在大气污染及大气化学中有重要作用。

地球大气主要分布在2000 km以内的空间，地球大气的总质量约为5×10^{15} t，约占地球质量的千万分之九。按大气圈内的空气密度分布可分为均匀大气层（0～90km）和非均匀大气层（90～2000km）。

2. 大气结构

大气圈在垂直方向上的物理性质有显著的差异性，根据温度、成分、电荷等物理性质的差异，同时考虑到大气垂直运动状况，可将大气分为五层，如图 3-11 所示。

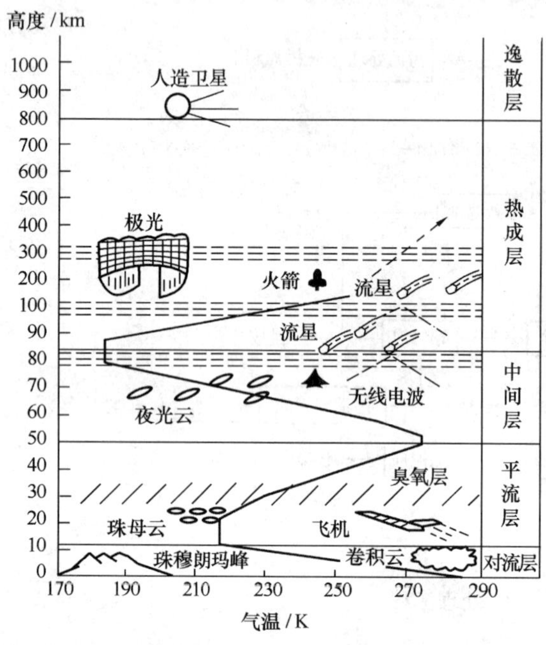

图 3-11 地球大气的热分层和各层的主要特征

（1）对流层。对流层是地球大气中最低的一层，其紧邻地面。该层内大气温度随高度的增加而降低，平均每升高 100m，温度降低 0.65℃。对流层内具有强烈的对流作用，强度因纬度不同而不同。一般来说，对流作用在低纬度较强，高纬度较弱。对流层厚度随纬度不同而变化，其范围在 8～18km。云、雾、雨、雪等主要天气现象均出现在此层，大气污染现象主要发生在这一层接近地面的 1～2km 范围内。

（2）平流层。平流层又称为同温层，位于对流层顶之上，至高度 50～55km 内。平流层内的温度随高度的增加改变很小。在平流层中，特别是在 20～35km 范围内臭氧集中，称为臭氧层。平流层内垂直对流运动很少，对流层中的云和对流的气体通常不易进入。该层尘埃很少，大气透明度高。层内温度随高度略有增加。其原因为氧气分子与氧原子化合成臭氧放热所致。

（3）中间层。在平流层顶之上是温度逐渐随高度上升而下降的中间层，到中间层顶部温度降低至－200 多摄氏度，其高度至 85km 左右。此层内有较强的垂直对流运动。

（4）热成层。热成层又称为电离层，位于中间层之上，上界至 800km。层内原子吸收了阳光紫外线的能量，使该层的温度随高度上升而迅速升高。由于接受来自太阳和其他星球的辐射，使该层大部分空气分子发生电离。热成层能将电磁波反射回地球，对地球无线电通信具有重要的意义。

（5）逸散层。逸散层位于大气圈的最外层，高度为 800～2000km。该层大气稀薄，地球引力弱。

（二）大气污染

1. 大气污染与发生条件

大气污染是指大气中污染物质的含量远远超过正常水平，持续足够的时间，因而对人体、动物、植物、建筑等产生不良影响的大气工况。随着工业化进程的不断深入，大量化石燃料以及化学合成物质的生产，致使向大气中排放的污染物浓度持续增加，使局部的大气环境质量严重恶化。

大气污染发生的条件是大气中的污染物质的浓度超过大气的自净容量。污染物在空气中的浓度和持续时间不仅取决于污染物的污染强度，同时与气象条件和污染物的浓度分布相关。

2. 大气污染源

大气污染源是指向大气环境排放有害物质或对大气环境造成危害的设备、装置、场所等。按污染物的来源可分为天然污染源和人为污染源。

（1）天然污染源。天然污染源是指自然界向大气环境排放有害物质或造成危害的场所。是大气污染物的一个很重要的来源。

天然污染源主要有：

1）火山喷发，排放出 SO_2、H_2S、CO_2、HF 及火山灰等颗粒物等。

2）森林火灾，排放出 CO_2、CO、SO_2、NO_2、碳氢化合物等。

3）风沙、土壤尘、自然尘等。

4）腐烂的动植物。

5）自然逸出煤气或天然气的煤矿或油田等。

（2）人为污染源。人为污染源是指人类的生产活动所形成的污染源。

人为污染源主要有：

1）工业污染源。火力发电厂、工业和民用炉窑的化石燃料燃烧是重要的大气污染源。化石燃料燃烧排放的污染物占总污染物的 70%以上，在排放到大气的污染物中，99%的氮氧化物（NO_x）、99%的一氧化碳（CO）、91%的二氧化硫（SO_2）、78%的二氧化碳（CO_2）、60%的粉尘和 43%的碳化氢是化石燃料燃烧过程中产生的，其中煤燃烧所产生的污染物占总污染物的 95%以上。

2）生活污染源。生活污染源是指家庭炉灶、取暖设备等，由于生活需要而燃用各类燃料，在一定时期内向大气排放的污染物。冬季采暖期污染尤为严重。

3）交通污染源。交通污染源是指机动车辆、飞机、轮船等通常以石油产品为动力，排放碳氢化合物、氮氧化合物、一氧化碳等污染物的交通工具。

4）农业污染源。农业污染源是指农业生产过程中导致大气污染物产生的灌溉、撒药、施肥等活动。

3. 大气污染物

（1）污染物分类。对环境产生影响的大气污染物种类繁多。污染物按形成过程分类可分为一次污染物和二次污染物两类；按其存在的形态可分为颗粒状态污染物和气体状态污染物两大类。

1）一次污染物。一次污染物是指直接从多种排放源进入大气中的各种气体、蒸气和颗粒物等污染物。主要的大气一次污染物是二氧化硫（SO_2）、一氧化碳（CO）、氮氧化合物（NO_x）、颗粒物、碳氢化合物（CH_x）等。

一次污染物分为反应物质和非反应物质。反应物质不稳定，在大气中常与某些其他污染物产生化学反应，或者作为催化剂促进其他污染物之间的反应。非反应物质不发生反应或者反应速度迟缓。

2）二次污染物。二次污染物是指进入大气的一次污染物在大气中互相作用，或与大气中正常组分发生反应，在太阳辐射的参与下，引起光化学反应而产生的与一次污染物的物理、化学性质完全不同的颗粒直径很小的新的大气污染物。其毒性比一次污染物还强。最常见的二次污染物有硫酸及硫酸盐气溶胶、硝酸及硝酸盐气溶胶、臭氧、过氧乙酰硝酸酯等。

(2) 主要大气污染物。主要大气污染物可分为颗粒物和气态污染物两大类。

1) 颗粒物。颗粒物是除气体污染物之外的所有包含在大气中的物质，包括固体、液体和气溶胶。其中固体包括灰尘、烟雾、烟尘，液体包括云雾和雾滴，粒径的分布为 0.1～200μm。

大气中的颗粒物除了以固体和液体形式存在外，主要以气溶胶的形式存在。气溶胶是由固体颗粒、液体颗粒或固体及液体颗粒混合悬浮于气体介质中形成的。它的降落速度极小，可长时间悬浮于空气中。如雾是常温下液体被雾化后，形成微小的液滴分散在大气中或液体被加热蒸发，冷凝后凝集成微小的液滴悬浮在大气中而形成的气溶胶。煤烟是固体物质高温下由于蒸发或升华作用变成气体逸散于大气中，遇冷后凝集成微小的固体气溶胶。烟雾是当烟和雾同时形成构成的固、液混合的气溶胶。如硫酸烟雾、硝酸烟雾等。

大气中的颗粒物按粒径大小可分为降尘和飘尘两类。

降尘一般指粒径大于 10μm，在重力作用下可降落的颗粒物。它来源于固体玻璃纤维、燃烧产物的颗粒结块灰，以及风及沙尘暴等。

飘尘是指粒径小于 10μm 的煤烟、烟气和雾在内的颗粒状物质，可长期地悬浮在空气中，不易沉降，易形成固—液—气混合的气溶胶。它在大气中停留的时间与煤烟的粒径大小相关。飘尘由于粒径小，可进入肺部深处，对人体健康的危害大。

衡量一个地区大气质量颗粒物指标通常用总悬浮颗粒物(TSP)来表达。总悬浮颗粒物(TSP)是指粒径在 100μm 以下悬浮于大气中各种固体或液体颗粒物质的总称。

2) 气态污染物。气态污染物包括硫氧化物、氮氧化物、碳氧化物、碳氢化合物等。

① 硫氧化物(SO_x)。硫氧化物主要是指二氧化硫(SO_2)和三氧化硫(SO_3)。

二氧化硫是无色有刺激性气味的气体，主要来自含硫的化石燃料煤和石油等燃烧、硫化物矿石的焙烧、有色金属冶炼、硫酸制备等过程。二氧化硫在潮湿空气中易被催化氧化或光化学氧化形成三氧化硫(SO_3)，进而生成硫酸或硫酸盐。硫酸和硫酸盐可形成硫酸烟雾和酸雨。二氧化硫(SO_2)是大气中分布较广、影响较大的重要污染物之一。人类活动每年排放约 1.5×10^8t 的二氧化硫，其中约 2/3 来自煤的燃烧，1/5 来自石油的燃烧。

②氮氧化物(NO_x)。氮氧化物主要包括 NO、NO_2、N_2O 等。

人为活动排放的氮氧化物大部分来自化石燃料的燃烧和汽车排放的尾气等。燃料燃烧时，空气中的氮和氧在高温下生成 NO_x，同时燃烧含氮化合物也会生成 NO_x。

在高温条件下，氮氧化物主要以一氧化氮和二氧化氮的形式存在，由于 NO 和 O_2 化合生成 NO_2所需时间较长，因此最初排放的氮氧化物中一氧化氮占 95%以上。一氧化氮本身并没有高的毒性，但在空气中氧化为二氧化氮后，可以进一步生成硝酸而沉降。NO_2是一种红棕色有毒的恶臭气体，是酸雨的重要来源。此外，一氧化氮和二氧化氮也是形成光化学烟雾的重要成分。

N_2O 是一种温室气体，主要来自土壤中的细菌作用和大气中氮气与氧原子、臭氧之间的反应以及燃料高温燃烧时产生的少量 N_2O。

氮氧化物进入大气后，会发生一系列的变化，在空气中的浓度随时间与季节变化，变动的主要原因在于光化学作用。

③碳氧化物。碳氧化物包括一氧化碳(CO)和二氧化碳(CO_2)。

碳氧化物是各种大气污染物中数量最大的一种污染物。一氧化碳(CO)是一种无色无味易燃的有毒气体，主要来自燃料的不完全燃烧。一氧化碳(CO)在大气中可以转化为二氧化碳(CO_2)，但反应很缓慢。一氧化碳(CO)在大气中停留的时间可达几个月。一氧化碳与血液中的血红蛋白进行反应的能力比氧大200倍。城区大气环境中一氧化碳(CO)的浓度与汽车尾气排放密切相关。

二氧化碳(CO_2)是无毒气体，各种化石燃料燃烧均会产生(CO_2)，但当其在大气中的浓度过高时。使氧含量相对减少，对人产生不良影响。同时二氧化碳(CO_2)还是一种重要的温室气体。大气中二氧化碳(CO_2)浓度的增加所引起的温室效应已引起世界的广泛关注。

④碳氢化合物。大气中的碳氢化合物通常是C_1～C_8的可挥发性的碳氢化合物，又称烃类。其中甲烷占大气中碳氢化合物的80％～85％。甲烷主要来源于厌氧细菌甲烷菌分解沼泽、泥塘、水稻田底部植物体为主的有机物，反刍动物的消化过程，化石燃料的开采与燃烧等。

甲烷在大多数光化学反应中是惰性的，而其他烃类却是光化学反应的重要组分。因此通常将大气中的碳氢化合物区分为甲烷烃和非甲烷烃。甲烷是一种重要的温室气体，其温室效应要比二氧化碳大20倍。近180多年来大气中甲烷的浓度上升了一倍多。

4. 大气污染类型

根据污染物的化学性质及它们存在的大气环境状况，大气污染类型可分为还原型(煤烟型)及氧化型(汽车尾气型)两种。

(1)还原型大气污染。还原型大气污染常发生在以使用煤炭为主，同时也使用石油为燃料的地区，主要污染物是二氧化硫(SO_2)、一氧化碳(CO)、二氧化碳(CO_2)、颗粒物、硫酸雾和硫酸盐气溶胶。在低温、高湿度的阴天，风速很小，并伴有逆温存在的情况下，一次污染物扩散受阻，易在低空聚积，生成还原型烟雾。早期的“伦敦烟雾”事件就是典型的还原型大气污染。

(2)氧化型大气污染。氧化型大气污染大多发生在以石油为主要燃料的地区，污染物主要来源于汽车尾气排放、燃油锅炉以及石油化工企业生产。其主要一次污染物是一氧化碳、氮氧化物和碳氢化合物，二次污染物是臭氧、醛类等，以二次污染物为主。二次污染物具有强烈的氧化性质，对人眼睛等部位的黏膜能产生强烈刺激。洛杉矶光化学烟雾事件是典型的氧化型大气污染。

5. 大气污染的危害

(1) 对人体的危害。大气污染直接或间接地影响人体健康，如引起感官的和生理机能的不适反应，产生亚临床和病理的改变，出现临床体征或存在潜在的遗传效应，发生急、慢性中毒或死亡等。

直接刺激呼吸道的有害化学物质（如二氧化硫、硫酸雾、氯气、臭氧、烟尘）被吸入后，首先刺激上呼吸道黏膜表层的迷走神经末梢，引起支气管反射性收缩和痉挛、咳嗽、喷嚏和气道阻力增加；在毒物的慢性作用下，呼吸道的抵抗力会逐渐减弱，易诱发慢性呼吸道疾病，严重的还可引起肺水肿和肺心性疾病。有资料表明，城市大气污染是慢性支气管炎、肺气肿和支气管哮喘等疾病的直接原因或诱因。大气污染严重的地区，呼吸道疾病总死亡率和发病率都高于轻污染区。慢性支气管炎症状随大气污染程度的增高而加重。

一氧化碳和二氧化氮和血红蛋白的亲和力远远大于氧气，严重妨碍血红蛋白输送氧气，引起缺氧，发生中毒。1930 年 12 月的比利时马斯河谷烟雾事件，1948 年 10 月的美国多诺拉烟雾事件和 1952 年 12 月的英国伦敦烟雾事件都是由于大气污染造成的。目前大气污染已波及全球。

（2）对植物的危害。植物比动物更容易受到大气污染的影响和危害。这是因为植物既有庞大的叶面积与空气接触并进行着活跃的气体交换，同时植物无法像动物一样可以通过移动避开污染。因此，植物受高浓度的大气污染的袭击，短期在叶片上会出现坏死斑，产生急性伤害；长期与低浓度污染物接触而使植物生长受阻，发育不良，出现失绿、早衰等慢性伤害。也就是说，只要大气污染的浓度超过了植物的忍耐程度，就会使植物的细胞和组织器官受到伤害，生理功能和生长发育受阻，使得产量下降，品质变坏，甚至造成植物群落组成发生变化、植物个体死亡、种群消失。

（3）对建筑和材料的危害。大气污染对建筑物、文物古迹、金属制品以及皮革纺织等产生损害。如二氧化硫、氮氧化物等形成的酸雾和酸雨不仅腐蚀建筑物，还腐蚀钢铁等。

二、大气污染物的扩散

当污染物进入大气后，是否会引起污染与排放总量及所在地区的气象条件有关。

大气污染物在大气中稀释扩散的主要气象因素有大气边界层内的风与湍流、气温与大气稳定度、辐射与云以及天气条件等。

进入大气中的污染物受大气水平运动、湍流扩散运动，以及大气的各种不同尺度的扰动运动而被输送、混合和稀释，称为大气污染物的扩散。

大气的水平运动称为风。风对污染物的扩散有两个作用：一是整体的输送作用，二是冲淡稀释作用。风向决定污染物迁移运动的方向，风速决定污染物的迁移速度。污染物总是由上风方被输送到下风方，在污染源下风向，污染要重一些，因此考察一个地区的大气污染时，一定要了解当地的风向。风速越大，单位时间内污染物混合的清洁空气量越大，冲淡稀释作用就越好。一般来说，大气中污染物浓度与污染物的总排放量成正比，而与风速成反比。

大气除了整体水平运动外，还存在着不同于主流方向的极不规则的扰动运动，称为大气湍流。大气的湍流运动造成湍流场中各部分之间强烈混合，当污染物由污染源排入大气时，高浓度的污染物由于湍流混合，不断被清洁空气掺入，同时又无规则地分散到其他方向去，使污染物不断地被稀释、冲淡。

因此，风和湍流是决定污染物在大气中扩散状态的最直接和最本质的因子，是决定污染物扩散的决定因素。凡有利于增大风速、增强湍流的气象条件，都有利于污染物的稀释扩散，否则，将会使污染加重。

气温的垂直分布表征大气层的稳定度，影响湍流的强弱和污染物扩散。由前述可知，在正常情况下，大气对流层内的气温随高度增加而降低，大气的湍流运动充分，大气处于不稳定状态。在某些特殊情况下，会出现随高度增加气温升高的逆温层现象，大气的湍流运动受阻，大气处于稳定状态，即大气稳定度越高，污染物的扩散越不充分。

此外大气的稳定度与辐射和云以及天气条件有密切关系。太阳辐射强时，地面强烈增温，温度层递减，大气处于不稳定状态。当地面辐射占主导时，近地层气温下降，形成逆温，大气处于稳定状态。降水能有效吸收淋洗空气中的各种污染物，而雾会使空气污染加剧。

三、大气污染控制技术

(一) 颗粒污染物控制技术

前述可知颗粒污染物主要分为降尘和飘尘两大类。颗粒污染物控制技术主要是在排放过程中加装除尘装置。除尘装置的设计与选择要考虑到颗粒物的性质。

从含尘气体中将烟尘分离出来并加以捕集的装置，称为除尘装置或除尘器。各种除尘器按烟尘从烟气中分离出来的过程可分为机械除尘器、湿式除尘器、过滤式除尘器、电除尘器四类。

1. 机械除尘装置

它是利用机械力（重力、惯性力或离心力）来净化含尘气体的装置。机械除尘装置主要包括重力沉降室、惯性除尘器和旋风除尘器三类。此类除尘装置结构简单、制造方便、投资少、运行费用低、管理方便而且耐高温。重力沉降室和惯性除尘器的除尘效率一般在40%～60%之间。旋风除尘器的除尘效率在90%左右。

(1) 重力沉降室。重力沉降室是利用含尘烟气中的尘粒本身的重力作用而沉降的除尘装置（见图3-12）。当含尘气流通过断面较大的空间时，流速下降，气流中大而重的颗粒由于重力作用而落到沉降室底部。该设备简单、投资少、维护容易、阻力损失小；但设备庞大、占地面积较多、除尘效率低。

(2) 惯性除尘器。惯性除尘器是当烟气流动方向发生急剧改变时，利用粉尘与气体在运动中的惯性力不同，使尘粒从气体中分离并捕集的装置。

惯性除尘器分为两类：冲击式和反转式。前者以含尘气体中的粒子冲击挡板来收集较粗的颗粒，如图3-13所示。后者通过改变含尘气体流动方向来收集较细的颗粒。惯性除尘器能处理25～30μm以上的尘粒。除尘效率约为70%且阻力较小。

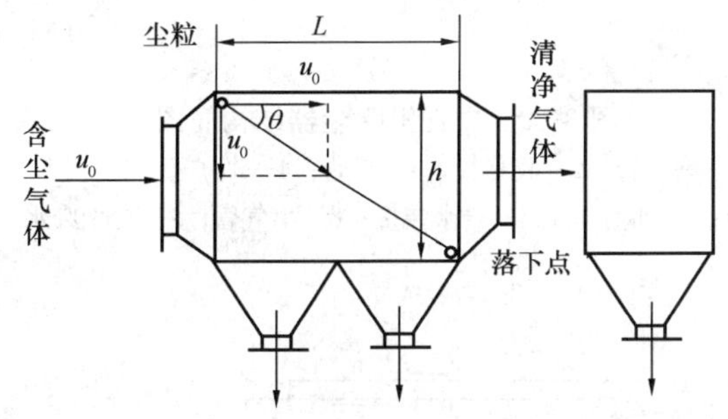

图3-12 重力沉降室除尘原理示意图

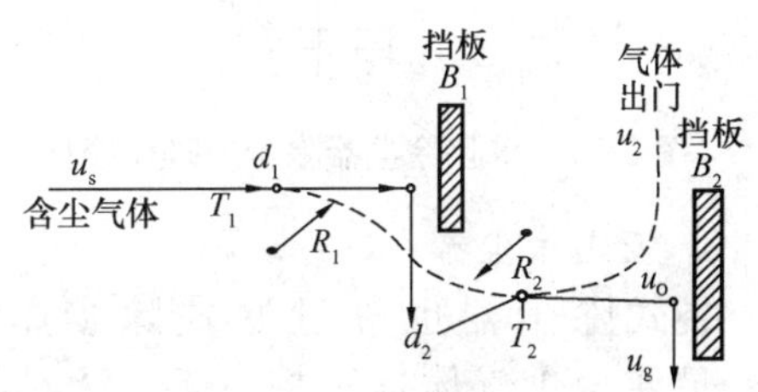

图3-13 冲击式惯性除尘器除尘原理示意图

(3) 旋风除尘器也称为离心力除尘器。它是利用含尘气流作旋转运动时产生的离心力，将尘粒从气体中分离出来的装置，如图3-14所示。旋风除尘器结构简单、投资少、除尘效率较高、适应性强、运行操作管理方便，可以处理高含尘浓度的气体，一般作为多级除尘的预除尘；也可以在尘粒较粗、浓度较低时单独使用。旋风除尘器广泛应用于工业锅炉的烟气除尘中。

2. 湿式除尘器

湿式除尘器是利用含尘气流与水或液体表面接触，使尘粒从气流中分离出来的装置，包括水膜、冲击式、文丘里式除尘器等。其结构简单，投资较少，可以处理湿度大、温度高的

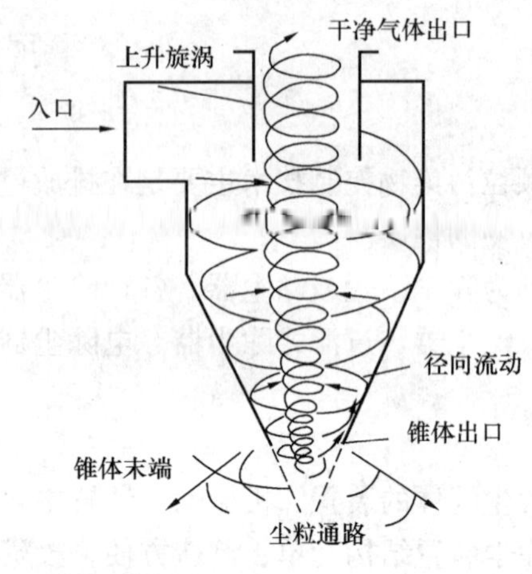

图 3-14 旋风除尘器除尘原理示意图

粉尘或废气，效率可达 80%～99%。

湿式除尘器捕集粉尘的主要原理是当含尘气流碰到水滴或液滴时，粉尘在惯性作用下撞到水滴，被吸附凝集后随水滴被清除。

(1) 水膜除尘器。水膜除尘器主要有管式水膜除尘器和旋风水膜除尘器两种。其结构简单、效率较高，使用较广泛。

含尘烟气在下部以较高的流速贴壁切向进入筒体，形成急剧旋转的上升气流，烟尘在离心力的作用下甩向壁面，并被筒壁面上由溢流水槽形成的水膜所湿润和黏附，随水流流入锥形灰斗，经水封和排水沟冲至沉淀池，净化后的烟气从上部出口排出，如图 3-15 所示。旋风水膜除尘器的除尘效率可达 90%。

(2) 文丘里管除尘器。文丘里管除尘器由文丘里管和脱水装置两部分组成，是湿式除尘器中效率最高的一种。它使烟尘颗粒遇水凝聚并使其有效尺寸增大，易于捕集。经文丘里管处理后的烟气，以切向速度进入旋风水膜除尘器，而旋风水膜除尘器将烟气与挟带着烟尘微粒的水滴分离，如图 3-16 所示。

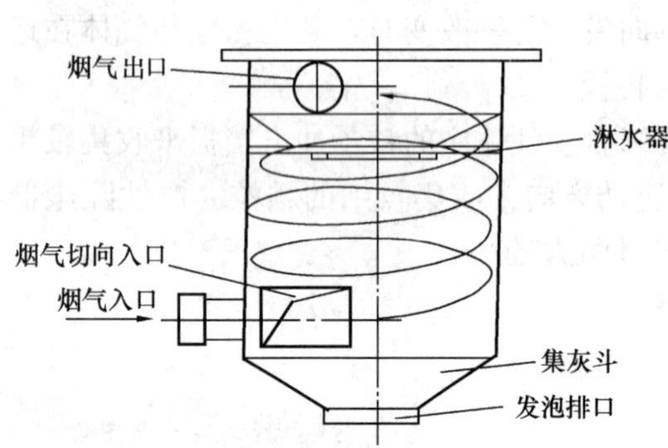

图 3-15 水膜除尘器除尘原理示意图

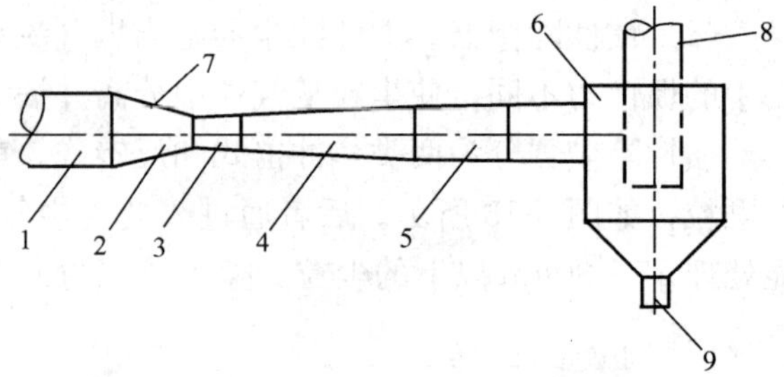

图 3-16 文丘里除尘器结构简图

1—进气管；2—收缩管；3—喉管；4—渐扩管；5—排气管；6—脱水器；7—给水装量；8—出气管；9—含尘废水

3. 袋式除尘器

袋式除尘器也称过滤式除尘器，是使含尘气体通过棉、毛、人造玻璃纤维和合成纤维等编织物等制作成的多孔滤料，过滤捕集含尘气体中固体颗粒物的除尘装置。其具有除尘效率高、处理气体的范围大、结构比较简单、操作维护方便、对粉尘的特性不敏感等优点。

如图 3-17 所示为一种空气逆吹式袋式除尘器。含尘气体由下部进入滤袋，当气体穿过滤袋时，粉尘

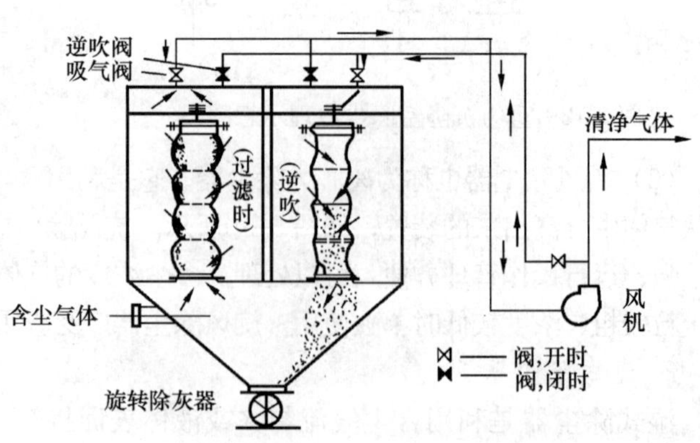

图 3-17 空气逆吹式袋式除尘器除尘原理示意图

即被过滤在滤料上，从滤袋内穿出的气体被净化后从滤袋外排出。当被过滤在滤袋内的粉尘层达到一定厚度时，此时过滤的阻力过大而必须进行清灰。在需要清灰时，打开逆吹阀，逆吹空气自上而下与含尘气流相反的方向由滤袋外进入袋内，将覆盖在滤袋内壁上的粉尘清落入下面的灰斗。在清灰时吸气阀关闭，因此，它运行时其过滤和清灰是交替进行的。

4. 电除尘器

电除尘器是利用强电场电晕放电使气体电离、粉尘荷电，使粉尘在电场力作用下从气体中分离出来的装置。由电极系统、清灰系统、烟道气流分布系统、排尘系统、供电系统等组成。目前我国电站锅炉主要采用电除尘器进行除尘。

电除尘器的工作原理是在两种曲率半径相差很大的金属集尘极和电晕极上通以高压直流电，以维持一个使电极之间产生电晕放电的不均匀电场，气体在电场里电离生成的电子、阴离子和阳离子，吸附在通过电场的粉尘上而使粉尘荷电。荷电粉尘在电场库仑力作用下，向电极性相反的电极运动而沉积在电极上，使粉尘和气体分离，如图 3-18 所示。当粉尘在电极上沉积达到一定厚度时，利用振打装置使粉尘脱离电极落入灰斗。电除尘器除尘效率可达 99%以上。同时压力损失小，能耗低，处理烟气量大。图 3-19 所示为电除尘器的基本结构图。

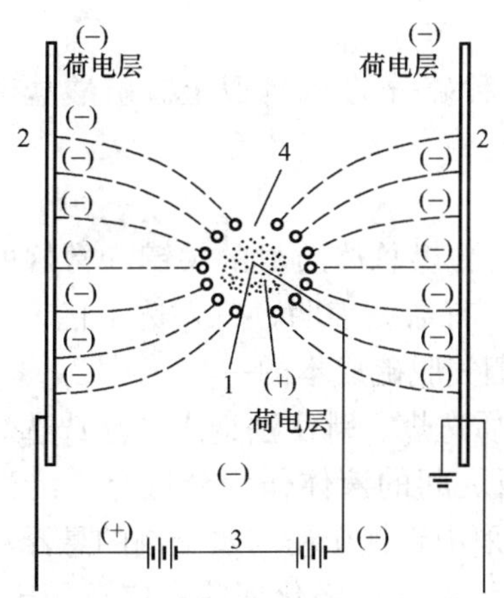

图 3-18 电除尘器除尘原理示意图

1—电晕极；2—集尘极；3—高压直流电源；4—离子化区域

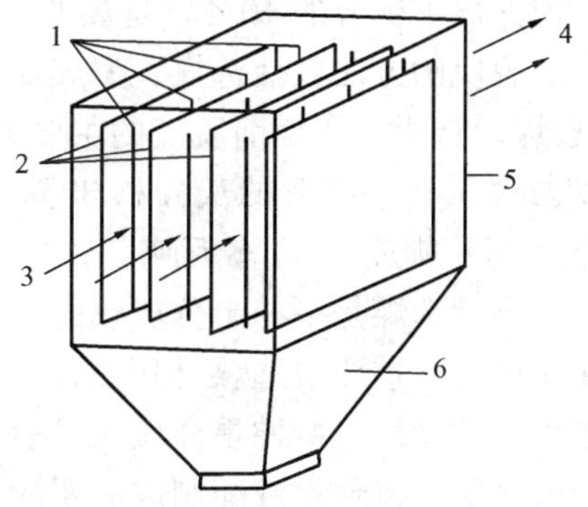

图 3-19 电除尘器的基本结构

1—电晕极；2—集尘极；3—含尘气体；4—清洁气体；5—外壳；6—灰斗

（二）气态污染物控制技术

1. 二氧化硫（SO_2）污染控制技术

二氧化硫是主要大气污染物之一，主要来源于燃料燃烧。燃料燃烧 SO_2 占我国人为活动排放 SO_2 总量的 90%以上，其中煤及化石燃料燃烧所生成的 SO_2 又占排放的大部分。控制燃料 SO_2 的排放主要从燃烧前燃料脱硫，燃烧中脱硫，燃烧后烟气脱硫三方面进行。

当化石燃料在锅炉中燃烧时，在氧化气氛中，可燃硫会被氧化而生成 SO_2，而在炉膛的高温条件下存在氧原子或在受热面上有催化剂时，一部分 SO_2 会转化成 SO_3，通常生成 SO_3 的 SO_2 只占 SO_2 的 0.5%～2%，相当于 1.5%～2%的煤中硫分以 SO_2 的形式排放出来。烟

气中的水分会和 SO_2 反应生成硫酸气体。硫酸气体在温度降低时会变成硫酸雾，而硫酸雾凝结在金属表面上会产生强烈的腐蚀作用。

排入大气中的 SO_2，由于大气中金属飘尘的触媒作用而被氧化生成 SO_3。大气中的 SO_2 遇水就会形成硫酸雾，烟气中的粉尘会吸收硫酸而变成酸性尘。硫酸雾或酸性尘被雨水淋落就变成了酸雨。

以上煤燃烧过程可能产生的硫氧化物，如 SO_2、SO_3、硫酸雾、酸性尘和酸雨等，不仅造成大气污染，而且会引起燃煤设备的腐蚀。燃烧过程中生成的硫氧化物还可能影响氮氧化物的形成。

（1）燃烧前燃料脱硫。我国的能源构成决定了燃料燃烧以煤及化石燃料为主。煤及化石燃料燃烧是 SO_2 的主要生成源。

煤中的硫可以分为无机硫、有机硫和单质硫三大部分。无机硫多以矿物杂质的形式存在于煤中，按其所属的化合物类型分为硫化物硫与硫酸盐硫。硫化物硫主要是以黄铁矿（FeS_2）、白铁矿（FeS_2）、砷黄铁矿、磁黄铁矿、黄铜矿（$CuFeS_2$）等形式出现。硫酸盐硫主要包括石膏、重晶石、绿矾等。有机硫则主要以硫醇（烷茎、环化合物、芳香族）、硫化物（烷基、烷基—环烷基、环化合物）以及二硫化物（唾吩、苯唾吩、二苯理盼）等形式存在于煤分子结构中。我国煤中有 60%～70%的硫为无机硫，30%～40%为有机硫。单质硫的含量很低，无机硫中绝大多数是黄铁矿。

黄铁矿硫和有机硫及元素硫是可燃硫，可燃硫占煤种硫分的 90%以上。硫酸盐硫是不可燃硫，约占煤中硫分的 10%，是煤的灰分的组成部分。

燃烧前脱硫的方法包括选煤、型煤加工等方法。

1）选煤。选煤是燃烧前脱硫的主要方法，是提高商品煤总体质量的关键。常规的选煤方法可以去除 50%～80%的灰分和 30%～40%的硫分。有数据表明，每入选 1 亿 t 原煤可以减少燃煤 SO_2 排放 2000 多万吨，选煤脱硫成本不及烟气脱硫成本的一半。

常规的物理选煤是一种十分成熟的工艺，包括重介质选煤、跳汰法选煤、浮选选煤等。

重介质选煤。重介质选煤是用密度介于煤与煤矸石之间的液体作为分选介质的选煤方法，采用重液和悬浮液两种重介质。目前，国内外普通采用磁铁矿粉与水配制的悬浮液作为选煤的分选介质，将悬浮液配制成需要的密度。这种悬浮液易于净化回收，广泛用于烟煤、无烟煤、褐煤和油母页岩等矿物的分选。此外，还可采用砂子、黏土、矸石粉或浮选尾矿等和水配制成悬浮液。重介质选煤具有分选效率高，分选介质密度调节范围宽、适应性强，分选粒度范围宽、生产过程易于实现自动化等特点。

跳汰法选煤。跳汰法选煤是在垂直升变的变速脉动水流中按相对密度不同分选出精煤、中煤等不同质量产品的选煤方法。实现跳汰选煤的机械设备称为跳汰机。跳汰选煤对不同煤质具有广泛的适应性，系统简单可靠、生产成本低、分选效果好。

浮选选煤。煤的表面是非极性的，矿物质表面是极性的，因此煤表面显现出极强的疏水性，而矿物质表面有极强的亲水性。随着粒度的减小，物料的表面积迅速增大，表面性质对分离过程的影响也迅速增大，并起到决定性作用。煤泥水中的固体悬浮物具有极大的表面积。由于煤和矸石颗粒的表面具有不同的物理化学性质，对水的润湿性有差别。向预先用浮选剂处理过的、配置成一定浓度的煤浆通入气泡，润湿性差（疏水）的煤粒向气泡黏附并浮起，而润湿性好（亲水）的矸石颗粒不易与气泡黏附，仍留在煤浆中，这样便达到煤与矸石颗粒分离的目的。

浮选选煤就是依据矿物表面润湿性的差别，分选细粒煤的选煤方法。浮选一般在颗粒粒度减小，一般重力选方法的分选速度和效果都会下降时应用。

2）型煤加工。型煤加工是利用机械方法将粉煤和低品位煤制成具有一定粒度和形状的煤制品，减少烟尘的排放量。高硫煤成型时加入适量的固硫剂或催化剂，可以大大减少 SO_2 排放。型煤包括民用型煤和工业型煤两种。

型煤加工是燃烧前脱硫的重要手段。型煤与直接燃烧原煤相比，可以减少烟尘 50%～80%，减少 SO_2 排放 40%～60%，燃烧热效率可以提高 20%～30%，节煤率达 15%，具有节能和环境保护的双重效益。

3）化学脱硫、电磁脱硫、细菌脱硫、加氢热解脱硫等方法为正在研究中的煤燃烧前脱硫方法，目前还没有实现商业化运行。

化学脱硫。当采用浮选法难以分离脱除煤中粒径极细的呈细分散状分布的黄铁矿时，采用强酸、强碱和强氧化剂，在一定温度与压力下通过化学氧化、还原提取、热解等步骤来脱除煤中的黄铁矿的方法。化学分选方法可以使煤灰分降至 0.2%～0.6%，可以使煤的硫分降至 0.3%。但由于化学选矿法对煤质有较大影响，因而在一定程度上限制了它的推广与应用。

微波脱硫。煤的微波脱硫技术是采用微波照射，诱发贮存在煤中黄铁矿与周围组分之间进行热脱硫反应，并且能把黄铁矿转换成酸溶液可溶的磁黄铁矿和陨硫铁。微波照射 100s 后，经酸洗处理可使煤中无机硫含量减少 97%。

加氢热解脱硫。加氢热解脱硫是指在逐渐升高的温度和压力下，煤与氢气之间的反应，最终产物是甲烷。煤的加氢热解脱硫是将煤的热分解与化学处理相结合，能同时脱除煤中的有机硫和无机硫，脱硫效率可达到 90%以上。

微生物脱硫。早期研究发现，氧化亚铁硫杆菌可以促进黄铁矿的氧化与溶解，从此微生物浸滤法脱除煤中黄铁矿被众多人员研究。目前人们已发现十余种微生物可以进行煤中黄铁矿的脱除，主要的有硫杆菌、钩端螺旋体菌、硫化叶菌及嗜酸菌等。利用这些嗜酸耐热菌在生长过程消化吸收 Fe^{3+} S 等的作用，促使黄铁矿氧化分解与脱除，其脱硫效率可达 90%以上。微生物法工艺简单、处理量大、不受场地限制、应用前景十分广阔。但脱硫周期较长，目前难以适应工业化的脱硫需要。

(2) 燃烧过程中脱硫。燃烧过程中脱硫是指燃料在燃烧室内燃烧同时加入石灰石、白云石等脱硫剂，使煤在温度为 850～1200℃范围内燃烧，煤中的硫和脱硫剂中的钙镁等反应，生成硫酸钙、硫酸镁等物质的脱硫技术。

向炉膛内加入石灰石脱硫的最佳燃烧方式是流化床燃烧。采用常压流化床燃烧，当钙硫摩尔比为 1.5～1.8 时的脱硫效率达 80%～85%，采用加压流化床燃烧，当钙硫摩尔比为 1.3～1.5 时的脱硫效率可达 90%。

流化床燃烧采用低温燃烧方式，在流化床内 98%以上是惰性热物料，而且包含巨大热容量，因此流态化燃烧过程中具有十分良好的传热、传质和混合过程，使它可以燃用一切种类的燃料并达到很高的燃烧效率，包括高灰分、高水分、低热值、低灰熔点的劣质燃料，以及难以点燃和燃尽的低挥发分燃料等。其具有燃料适应性广泛、燃烧热强度大、床内传热能力强、负荷调节性能好的优点。

目前在我国的燃煤发电厂中几乎所有的燃煤锅炉都是煤粉炉，将近 1/3 的煤炭用于煤粉炉燃烧。煤粉炉燃烧中脱硫主要采用炉内喷钙脱硫和炉内喷钙尾部增湿脱硫的方式。

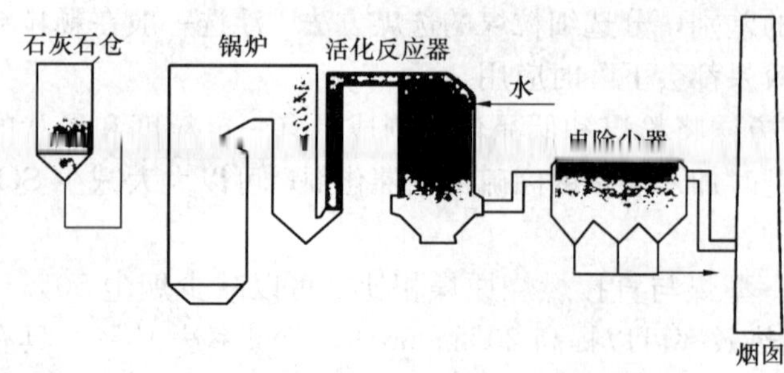

图 3-20 炉内喷钙尾部增湿示意图

炉内喷钙尾部增湿脱硫是在尾部烟道设置活化反应器，当烟气进入活化反应器时向烟气喷入水，使之和未发生反应的氧化钙结合生成氢氧化钙，和烟气中的二氧化硫反应，脱除二氧化硫，如图 3-20 所示。

影响炉内喷钙脱硫的因素有脱硫剂的最佳喷射位置、脱硫剂种类和颗粒度以及钙硫摩尔比。炉内喷钙脱硫由于煤粉炉炉膛内的温度分布、停留时间和混合条件等限制因素，在采用石灰石作为脱硫剂时，其钙利用率一般在20%以下，脱硫效率也仅为20%～40%。炉内喷钙尾部增湿脱硫的脱硫效率为40%～60%。

(3) 燃烧后烟气脱硫。燃烧后烟气脱硫是目前控制燃煤 SO_2 排放最有效和应用最广的技术。烟气脱硫的方法很多，按产物的含水率分为湿法和干法。湿法烟气脱硫被广泛采用。

1) 湿法烟气脱硫。脱硫系统位于烟道的末端、除尘器之后，其脱硫剂、脱硫过程、反应副产品及其再生和处理等均在湿态下进行，其脱硫过程的反应温度均低于露点，脱硫以后的烟气需经再加热才能从烟囱排出。湿法烟气脱硫过程是气液反应，其脱硫反应速度快、脱硫效率高、钙利用率高，在 Ca/S＝1 时，可达到 90%以上的脱硫效率，适合于大型燃煤电厂锅炉的烟气脱硫。但湿法烟气脱硫其初投资比较大，运行费用也较高，废水难于处理。

当前世界上已开发出的湿法烟气脱疏技术主要有石灰石或石灰洗涤法、双减法、*W—L* 法以及铵肥法等。石灰石/石灰法为当前最主要、使用最广的湿法烟气脱硫工艺，石灰石/石灰法按其副产品和对其处理方法的不同，又分为抛弃法和石膏法。

石灰石/石灰抛弃法。石灰石/石灰湿法洗涤脱硫技术是以石灰石或石灰的水浆液作为脱硫剂，在吸收塔（洗涤塔）内对含有 SO_2 的烟气进行喷淋洗涤，SO_2 与浆液中碱性物质发生化学反应生成亚硫酸钙和硫酸钙而将 SO_2 除掉。浆液中的固体物质（包括煤的飞灰）连续地从浆液中分离出来并排往沉淀池，同时不断地向清液加入新鲜石灰石或石灰后循环至吸收塔（洗涤塔）。石灰石/石灰抛弃法烟气脱硫总反应式为

$$CaCO_3 + SO_2 + 1/2H_2O \longrightarrow CaSO_3 \cdot 1/2H_2O + CO_2$$

图 3-21 所示为石灰石和石灰抛弃法脱硫系统图。石灰石/石灰抛弃法的整个脱硫系统主要由脱硫剂的制备、吸收塔和脱硫后废物处理三大部分组成。

脱硫剂的制备：一般石灰石或石灰是以干料的形式运到电厂。石灰石多以块状运到储仓，而石灰则多用空气输送到储仓中，以防止氧化和潮解。石灰石先在球磨机中加水研磨，制成石灰石浆液，分离除去大块固体后，送至石灰石浆供料槽。而如果原料是石灰石粉，则可用密封罐车运输至电厂石灰石储仓，用压缩空气将石灰石粉送入储仓中，再由石灰石粉仓送至灰浆液配制罐内，石灰石粉在配制罐内与来自工艺过程的循环水一起配制成石灰石浆液，再由泵将浆液送至吸收塔底槽。

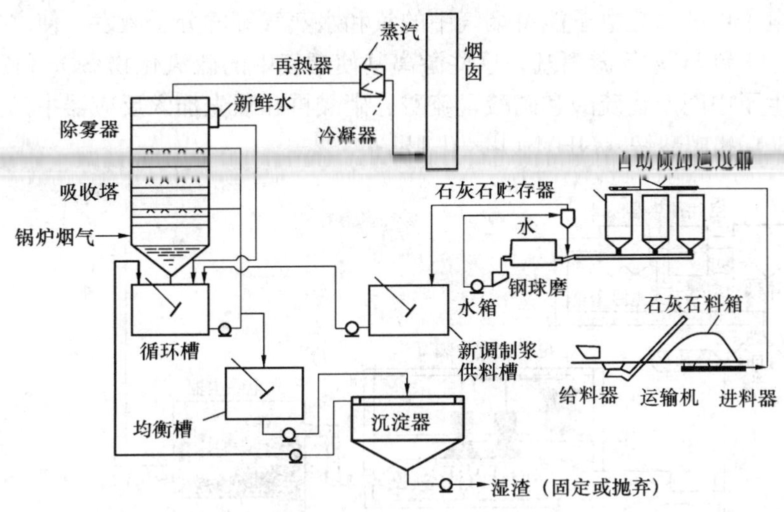

图 3-21　石灰石和石灰抛弃法脱硫系统图

吸收塔：吸收塔是整个石灰石/石灰烟气脱硫系统中最关键的设备，实际的烟气脱硫反应，是通过在吸收塔内脱硫剂浆液对含有 SO_2 的烟气进行洗涤来完成的。因此，吸收塔又称为吸收洗涤塔。在各种类型的吸收塔中，喷淋塔是使用比较广泛的一种，如图3-22所示。

脱硫后固体废物的处理：石灰石/石灰抛弃法的固体废物的处理和处置严重阻碍这一方法的推广应用。脱硫后的固体废物经脱水，含水率一般仍在 60%左右。处理这些废物的途径有两种：一为回填法，另一种为不渗透的池存储法。两种方法均需较大的占地面积。

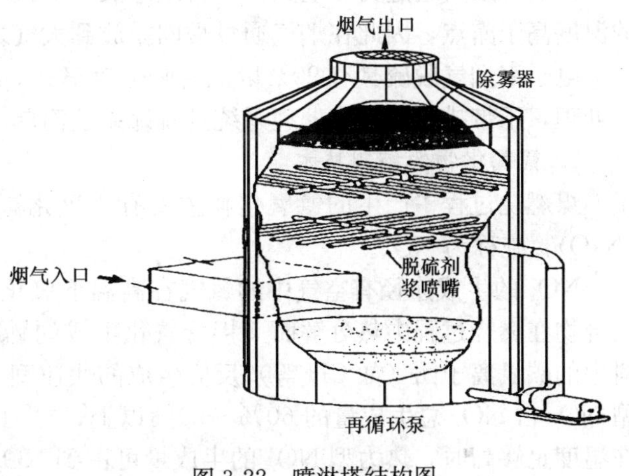

图 3-22　喷淋塔结构图

石灰石/石灰石膏法。石灰石/石灰石膏法和抛弃法最主要的区别就是向吸收塔的浆液中鼓入空气，以强制使100%的 $CaSO_3$ 均氧化成 $CaSO_4$。这样，脱硫以后的固体副产品不再是需抛弃的废物，而是有用的石膏产品。在当前世界上选择火电厂烟气脱硫系统时，石灰石/石膏强制氧化系统已成为优先选择的湿法烟气脱硫工艺。

脱硫的总反应式为：

$$CaCO_3 + SO_2 + 2H_2O + 1/2O_2 \longrightarrow CaSO_4 \cdot 2H_2O + CO_2$$

2）电子束烟气脱硫（干法）。用电子束对烟气进行照射而同时脱硫脱硝的技术，是近年来发展起来的一种干法烟气脱硫工艺。图 3-23 所示为日本荏原公司和日本原子能研究所共同开发的电子束烟气脱硫工艺流程的示意图。由图可见，烟气在进入反应器之前要先加入氨气，然后在反应器中用电子束对烟气进行照射。电子束发生装置是由电压为 800kV 的直流高压电发生装置和电子加速器组成。电子加速器产生的电子束通过照射孔对反应器内的烟气进行照射时，电子束的高能电子能将烟气中的氧和水蒸气等的分子激发，使之转化成氧化能力很强的OH、O和HO_2等游离基，这些游离基使烟气中的硫氧化物SO_x和氮氧化物NO_x很快氧化，产生了中间产物硫酸和硝酸，硫酸、硝酸再和预先加入反应器中的氨反应产生硫酸铵（$(NH_4)_2SO_4$）和硝酸铵（NH_4NO_3）化肥。

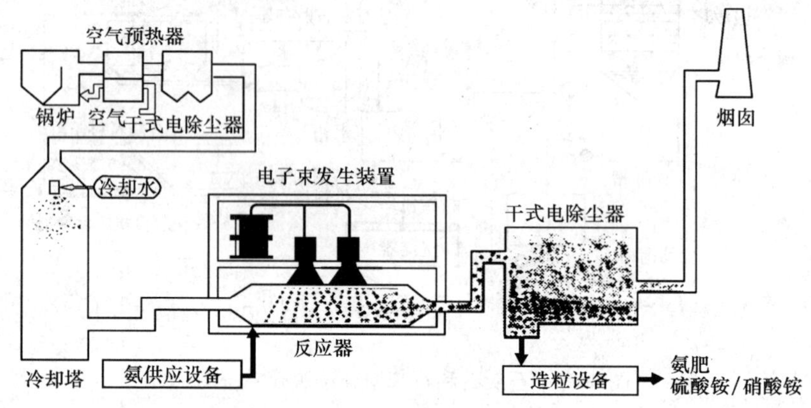

图3-23 电子束烟气脱硫系统图

从电除尘器出来的烟气要在冷却塔中通过喷雾干燥工艺冷却到65～70℃，然后送入反应器。烟气在反应器入口处与适量的氨气混合，在反应器中最终产生微粒状的硫酸铵和硝酸铵。最后，烟气通过另一电除尘器将副产品硫酸铵和硝酸铵粉从烟气中分离出来。由于烟气的温度高于露点，因此在烟气通过烟囱排放到大气之前不需再热。

电子束烟气脱硫具有90%以上的脱硫效率和80%以上的脱硝效率。整个脱硫过程为干法处理，不带排水及废水处理系统且脱硫系统简单。

2. 氮氧化物的控制技术

煤燃烧过程中产生的氮氧化物主要有一氧化氮（NO）、二氧化氮（NO_2）和氧化亚氮（N_2O），统称为NO_x。

NO_x的生成途径有空气中的氮气在高温下氧化而生成的热力型NO_x，燃料中含有的氮化合物在燃烧过程中热分解而又接着氧化生成的燃料型NO_x，以及燃烧时空气中的氮和燃料中的碳氢离子团（如CH等）反应生成的快速型NO_x。煤粉燃烧所生成的NO_x中，燃料型NO_x占NO_x总生成量的60%～80%以上；热力型NO_x的生成和燃烧温度的关系很大，在温度足够高时，热力型NO_x的生成量可占到NO_x总量的20%；快速型NO_x在煤燃烧过程中的生成量很小。

（1）燃料型NO_x的生成机理。燃料型NO_x的生成机理非常复杂，研究表明，燃料型NO_x的生成和破坏过程不仅和煤种特性、煤的结构、燃料中的氮受热分解后在挥发分和焦炭中的比例、成分分布有关，而且大量的反应过程还和燃烧条件（如温度和氧及各种成分的浓度等）密切相关。

在一般的燃烧条件下，燃料中的氮有机化合物首先被热分解成氰（HCN）、氨（NH_3）和CN等中间产物，随挥发分一起从燃料中析出形成挥发分N。挥发分N析出后仍残留在焦炭中的氮化合物，称之为焦炭N。在挥发分N中HCN或NH_3占主体。HCN和NH_3所占的比例取决于煤种及其挥发分的性质、氮和煤的碳氢化合物的结合状态等化学性质、燃烧条件（如温度等）有关。在通常的煤燃烧温度下，燃料型NO_x主要来自挥发分N。煤粉燃烧时由挥发分生成的 NO_x 占燃料型 NO_x 的 60%～80%，由焦炭 N 所生成的 NO_x 占到 20%～40%。在氧化性气氛中，随着过量空气的增加，挥发分 NO_x 迅速增加，而焦炭 N 的增加则较少。

挥发分 N 中 HCN 和 NH_3 被氧化生成 NO_x 的机理如图 3-24 和图 3-25 所示。

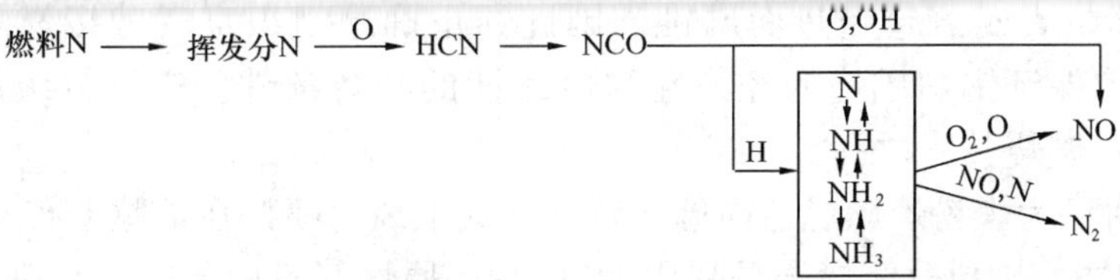

图 3-24 挥发分 N 中 HCN 被氧化生成 NO_x 的反应途径

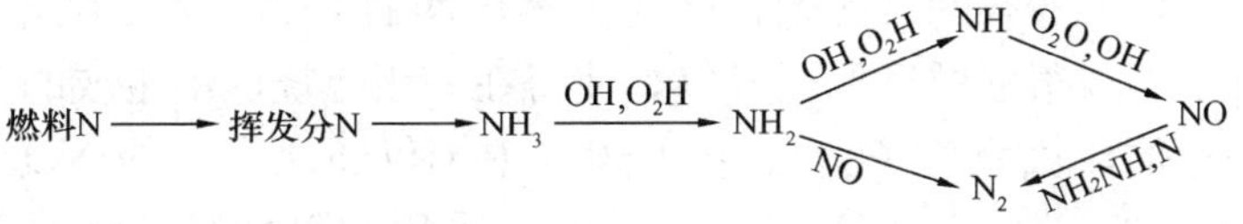

图 3-25 挥发分 N 中 NH_3 被氧化生成 NO_x 的反应途径

实际测量表明，NO_x 排放浓度不等于其生成浓度。其原因在于氧化气氛中生成的 NO_x 遇到还原性气氛时会还原成氮分子。煤粉燃烧设备中 NO_x 排放浓度是 NO_x 生成与破坏的综合，结果如图 3-26 所示。

(2) NO_x 控制排放的主要技术措施。NO_x 控制排放的主要技术措施包括改变燃烧条件的低 NO_x 燃烧技术和烟气脱硝两大类。改变燃烧条件的低 NO_x 燃烧技术包括低过量空气燃烧、空气分级燃烧、燃料分级燃烧、烟气再循环和低 NO_x 燃烧器。烟气脱硝包括干法烟气脱硝和湿法烟气脱硝。

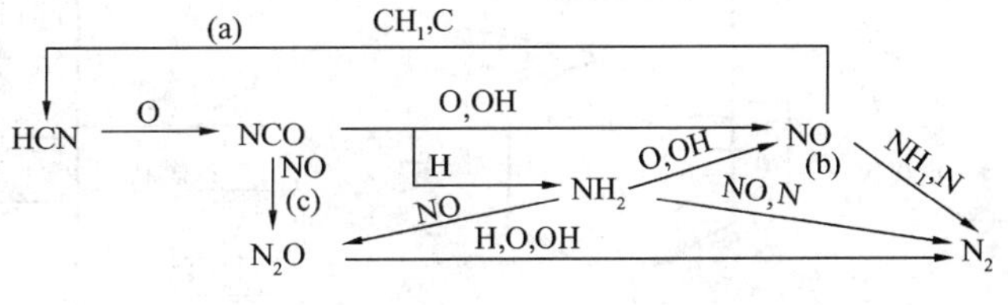

图 3-26 NO_x 的生成与破坏

1) 低 NO_x 燃烧技术。该技术用改变燃烧条件的方法来降低排放。由于其效率较高、系统简单而被广泛采用。

低过量空气燃烧。低过量空气燃烧是一种最简单的降低 NO_x 排放的方法，燃烧过程在接近理论空气量的条件下进行，由于烟气中过量氧的减少，因此能够抑制 NO_x 的生成。采用低过量空气燃烧可以降低排放 NO_x15%～20%。但是受锅炉效率影响。炉内氧的浓度过低，会造成 CO 浓度、飞灰含碳量的增加，从而大大增加化学未完全燃烧热损失和机械未完全燃烧损失，降低燃烧效率。此外，低氧浓度会使得炉膛内某些地区成为还原性气氛，从而会降低灰熔点，进而引起炉壁结渣与腐蚀。因此，在锅炉的设计和运行中要选取最合理的过量空气系数，以避免产生其他问题。

空气分级燃烧。空气分级燃烧是将整个燃烧过程所需空气分两级供入炉内，使整个燃烧过程分为两级进行。空气分级燃烧在第一级内主燃烧器供入炉膛的空气量为总燃烧空气量的 70%～75%，使燃料在缺氧的富燃料燃烧条件下燃烧。此时第一级燃烧区内过量空气系数 $\alpha<1$，燃烧区内的燃烧速度和温度水平降低，因此在还原性气氛中降低了生成 NO_x 的反应率，抑制了 NO_x 在这一燃烧区中的生成量。完全燃烧所需的其余空气则通

过布置在主燃烧器上方的“火上风”喷口送入炉膛，与第一级燃烧区在“贫氧燃烧”条件下所产生的烟气混合，在过量空气系数 $\alpha>1$ 的条件下完成全部燃烧过程。空气分级燃烧弥补了简单的低过量空气燃烧的缺点，但在两级的空气比例分配不当或炉内混合条件不好的条件下，会增加不完全燃烧的损失。同时第一级燃烧区内的还原性气氛也会使灰熔点降低，而引起结渣或引起受热面腐蚀。因此，正确地组织空气分级燃烧过程是保证降低 NO_x 的排放，保证锅炉燃烧的经济性和可靠性的必备条件。空气分级燃烧法是应用最为普遍的低 NO_x 燃烧技术之一。

如图 3-27 所示为煤粉炉燃烧器前墙布置时“火上风”喷口在炉膛上布置的示意图。

燃料分级燃烧。燃料分级燃烧是利用 NO_x 在还原性气氛中的破坏机理，组织燃料分级燃烧。将 80%～85%的一次燃料送入第一级燃烧区，在过量空气系数 $\alpha>1$ 的条件下燃烧并生成 NO_x；其余 15%～20%的二次燃料则在主燃烧器的上部送入二级燃烧区，在过量空气系数 $\alpha<1$ 的条件下形成很强的还原性气氛，使得在一级燃烧区中生成的 NO_x 在二级燃烧区（即再燃区）内被还原成氮分子（N_2）。在再燃区中不仅还原生成的 NO_x，同时还抑制了新的 NO_x 的生成，可进一步降低 NO_x 的排放浓度。采用燃料分级燃烧的方法可以使 NO_x 的排放浓度降低 50%以上。在再燃区的上面布置“火上风”喷口形成第三级燃烧区（燃尽区），以保证在再燃区中生成的未完全燃烧产物的燃尽。如图 3-28 所示为燃料分级燃烧原理的示意图。

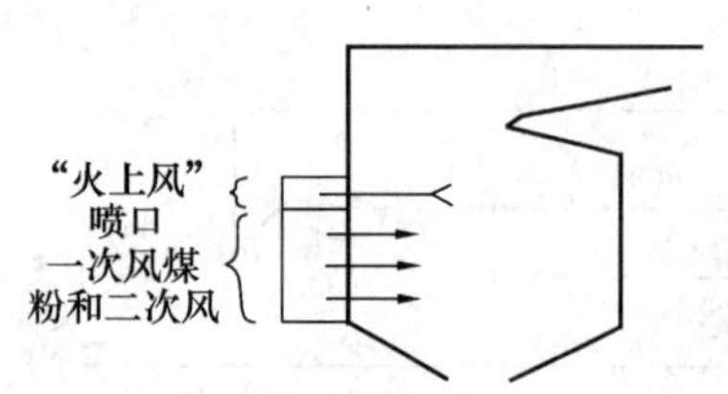

图 3-27　煤粉炉燃烧器前墙布置时“火上风”喷口在炉膛上布置的示意图

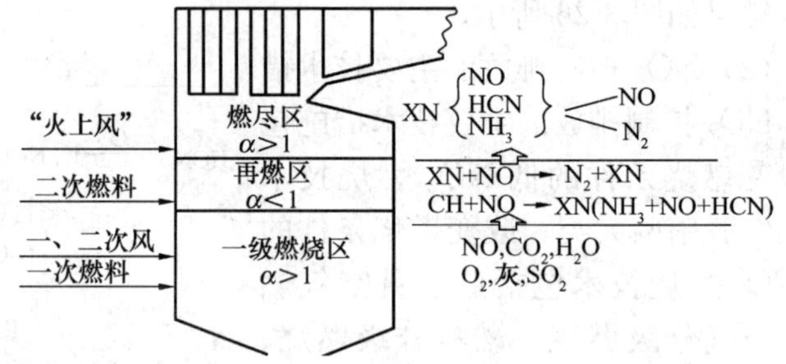

图 3-28　燃料分级燃烧原理的示意图

烟气再循环。烟气再循环是在锅炉的空气顶热器前抽取一部分低温烟气或直接送入炉内，或与一次风或二次风混合后送入炉内，降低了燃烧温度和炉膛内氧气浓度，因而可以降低 NO_x 的排放浓度的方法，如图 3-29 所示。

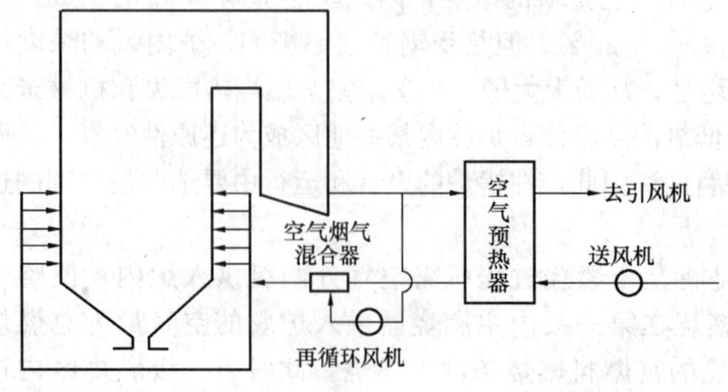

图 3-29　烟气再循环示意图

2）烟气脱硫脱硝。各种低 NO_x 燃烧技术是降低燃煤锅炉 NO_x 排放值的主要也是比较经济的技术措施。但一般情况下，低 NO_x 燃烧技术最多只能降低 NO_x 排放值 50%。因此，根据环境保护法对 NO_x 排放标准的要求，当要求该锅炉的 NO_x 降低率超过 40%才能满足排放标准时，就要考虑采用燃烧后的烟气处理技术来降低 NO_x 的排放值。烟气脱硝是主要采用的烟气处理技术措施，分为干法和湿法。

干法烟气脱硝。干法烟气脱硝技术，包括采用催化剂来促进 NO_x 还原反应的选择性催化脱硝法、脱硫脱硝法和电子束照射法（前已述及）等。

选择性催化剂法。当采用催化剂来促进 NH_3 和 NO 的还原反应时，其反应温度取决于所选用催化剂的种类。当采用钛或铁氧化物类的催化剂时，其反应温度为300～400℃。当采用活性焦炭作为催化剂时，其反应温度为100～150℃。因此，根据所采用的催化剂的不同，催化剂室应布置在尾部烟道中相应温度的位置。这种方法称为选择性催化剂脱硝法。

选择性催化剂法当前广泛采用于西欧和日本。NO_x 降低率达到 80%～90%，因而对 NO_x 排放标准日益严格的那些地区和国家，该技术也越来越受到重视。

同时脱硫脱硝法又称 SNRB 技术，由美国马布科克·威尔科克斯公司开发，它的特点是利用高温布袋除尘器，将脱硫、脱硝和防尘三种功能结合在一起，其工艺过程原理如图 3-30 所示。由图可见，其脱硫的原理是将钙基或钠基的碱性吸收剂喷入烟气中以吸收 SO_x，根据选择性催化剂脱硝的原理将高温催化剂装于高温陶瓷纤维袋内通过喷入烟气中的 NH_3 来脱硝，用高温脉冲喷射布袋除尘器来除尘，达到了在一个装置里将三种污染物同时高效清除的目的。

SNRB 工艺除了能高效地同时达到脱硫、脱硝和除尘的目的外，它还能将清除三种污染物的工艺过程集中在一个设备上，因而降低了成本、减少了占地面积；由于该工艺是在选择性催化剂脱硝之前先除去 SO_x 和粉尘，因而减少了催化剂层的堵塞、磨损和中毒与腐蚀。

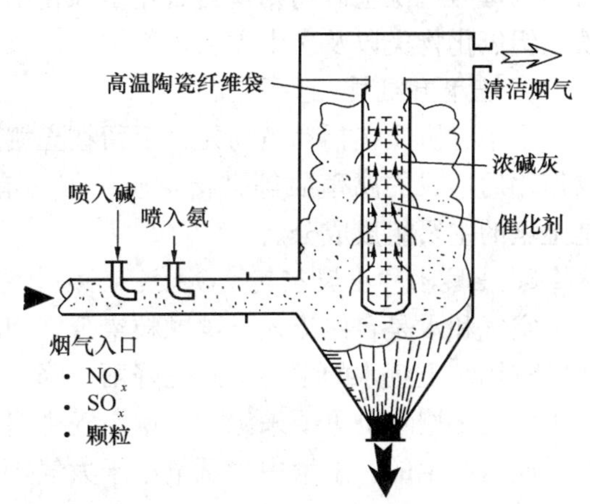

图 3-30 同时脱硫脱硝法技术工艺图

湿法烟气脱硝。湿法烟气脱硝有两大类，一类是利用已装有烟气洗涤脱硫装置的燃煤锅炉，只要对脱硫装置进行适当改造，或调整运行条件，就可以将烟气中的 NO_x 在洗涤过程中除去。另一类是单纯的湿法洗涤脱硝。由于烟气中 NO_x 的 90%以上是 NO，而且很难溶于水，因此，对 NO_x 的湿法烟气处理不能和对 SO_x 一样用简单的洗涤法加以吸收，而必须先将 NO 氧化为 NO_2，然后再用水吸收。这种湿法脱硝虽然效率很高，但系统复杂，而且用水量大并有水的污染，因此在燃煤锅炉上很少采用。

第三节 土壤污染及其防治

人类生活在陆地上，一切活动都直接或间接地与土壤有关。土壤是整个生物圈的基础，也是植物生长发育的基地。有史以来，人总是把土地当作处置废物的场所，大量的垃圾和污水等废物堆放、倾倒在地面上或埋入地下。

土壤有较强的自净能力，如污染物可以被土壤胶体吸附，土壤具有过滤的功能，土壤中含有的大量微生物对污染物具有分解能力等。然而土壤的这种自净能力不是无限的，随着大量污染物的排入，土壤中微生物的生命活动受到抑制和破坏，土壤的理化性质（吸附、过滤、分解等）也会随之发生变化。同时，土壤的肥力降低，农作物减产。凡进入土壤中并影响土壤作用的物质，改变了土壤的成分又不利于人和生物体健康的物质，都称为土壤污染物质。下面主要介绍土壤的组成、性质、污染源和土壤污染的防治。

一、土壤的组成和性质

（一）土壤的组成

土壤由四大部分组成：矿物性固体、有机质、水和空气。土壤中的固体矿物质和有机质紧密结合在一起，固体颗粒之间有大小不同的空隙，水和空气在其中流动运行。可见组成土壤的物质，无论是固体、液体、气体之间，有机物和无机物之间，都不是孤立地、简单地、机械地混合在一起，而是互相联系、互相制约的有机整体。

1. 土壤矿物质

土壤中含有多种矿物质，一般占土壤固体部分质量的95%。矿物质既直接影响土壤的物理性质和化学性质，又是植物营养元素的重要仓库。土壤中的矿物质可分为原生矿物和次生矿物两大类。原生矿物是指直接来源于岩石，在岩石物理风化中形成的矿物，如石英、长石、云母等；次生矿物则指岩石化学风化中和成土过程中新形成的矿物，如各种矿物盐类、铁、铝氧化物类以及次生黏土矿物类。

2. 土壤有机质

土壤有机质包括动植物死亡后留在土壤里的残体、施入的有机肥料、微生物、经过微生物作用后形成的腐殖质等。腐殖质一般占有机质的70%～90%，对土壤的肥力影响很大，是土壤的主要组成成分。

3. 土壤水和土壤空气

空气和水是自然流入土壤颗粒空隙之间的成分，它们在植物呼吸和养分传递中起着很重要的作用。土壤水的主要来源是降雨、降雪和灌溉。只有在地下水位接近地面的情况下，地下水才是土壤水的重要来源。土壤空气主要来自大气，也有一部分是在土壤中进行的生物化学反应所产生的。土壤中含氧量小于大气，含二氧化碳量高于大气。

4. 土壤中的营养元素

土壤中最多的元素是氧、硅、钙、钠、钾、镁等，还含有占总量不到1%的微量元素，如铁、锌、铜、碘、锰、钴、砷、氟、硒等。土壤中所含的营养元素对于维持植物的生长发育是必不可少的。

（二）土壤的性质

土壤是一个包罗万象的世界，又是唯一能同时进行各类变化的场所，土壤中不仅存在着无数有生命的有机体，还包括形形色色的无机物。在这些物质的各个相界面上进行着各种各样物理的、化学的、生物化学的变化。土壤不仅能传递各种形式的营养成分，还能分解和滤除不需要的物质。

1. 土壤的物理性质

土壤的颗粒有大有小，具有各种类型，多相界面。黏土矿物和腐殖质分散为胶体颗粒，以其巨大的表面吸收或吸附水和空气，各种成分溶解其中，使土壤成为一种复杂的胶体状态，有利于水分的保持和营养成分的缓慢释放。

2. 土壤的离子交换作用

植物必需的碳、氢、氧来源于空气和水，而营养物质是从土壤中的固体矿物质和有机质中获得的。营养物质只有通过土壤溶液传递到植物的根部才易于被吸收利用，因此，营养物质只有处于溶液中的离子状态，才能通过根部的细胞壁被植物利用。

土壤贮存与提供营养离子的条件，主要在于固体矿物质和有机质分子是否具有离子交换位置。植物生长必需的正离子态营养元素，就是经过离子交换而被植物吸收的。多余的营养元素，则被保留在这些位置上不会流失，使这些位置成为植物养分的理想仓库。

3. 土壤中的 pH 值与营养物质有效利用的关系

植物通过离子交换作用吸收养分，离子交换作用又与溶液的 pH 值有关。因此，土壤 pH 值大小与营养物质能否有效利用直接相关。一般规律是 pH 值增加，养分的利用率降低；但是 pH 值太低时，可使这些元素大量释放，达到毒物水平。环境污染、生态失衡、土壤盐碱化或酸化，可改变土壤的 pH 值范围，致使农作物减产。

二、土壤环境污染及其防治

人类活动产生的污染物，通过不同的途径输入土壤环境中，其数量和速度超过了土壤的净化能力，从而使土壤的生态平衡被破坏，导致土壤环境质量下降，影响作物的正常生长发育，并产生一定的环境效应（水体或大气发生次生污染），最终将危及人体健康，以至危及人类生存和发展的现象，称之为土壤污染。

（一）土壤污染的特点

1. 隐蔽性和潜伏性

土壤污染是污染物在土壤中长期的积累过程，一般要通过对土壤污染物、植物产品质量分析监测，植物生态效应、植物产品产量以及环境效应监测。其后果要通过长期摄食由污染土壤生产的植物产品的人体和动物的健康状况才能反映出来。因此，土壤污染具有隐蔽性和潜伏性，不像大气和水体污染那样易为人们所觉察。

2. 不可逆性和长期性

污染物进入土壤环境后，便与复杂的土壤组成物质发生一系列迁移转化作用，其中许多污染作用为不可逆过程，污染物最终形成难溶化合物沉积在土壤中。因而，土壤一旦遭受污染，极难恢复。如我国沈阳抚顺污水灌溉区土壤污染后，采用了施加改良剂、深翻、清水灌溉和种植特殊作物等各种措施，经十多年的努力，付出大量劳动与代价，但收效甚微。

（二）土壤污染的类型

按土壤污染源和污染途径分类。

（1）水质污染型。水质污染型主要是工业废水、城市生活污水和受污染的地表水，经由污灌而造成的土壤污染。此类污染约占土壤污染面积的 80%。其特点是污染物集中于土壤表层，但随着污灌时间的延长，某些可溶性污染物可由表层渐次向内部扩展，甚至通过渗透到达地下潜水层。污染土壤一般沿河流、灌溉干渠和支渠呈树枝状或片状分布。

（2）大气污染型。大气污染物通过干、湿沉降过程污染土壤。如大气气溶胶的重金属、放射性元素、酸性物质等对土壤的污染。其特点是污染土壤以大气污染源为中心呈扇形、椭圆形或条带状分布，长轴沿主风向伸长，其污染面积和扩散距离，取决于污染物的性质、排放量和排放形式。大气型土壤污染物主要集中于土壤表层。

(3) 固体废物污染型。固体废物包括工矿业废弃物（矿渣、煤矸石、粉煤灰等）、城市生活垃圾、污泥等。固体废物的堆积、掩埋、处理不仅直接占用大量耕地，而且通过大气迁移、扩散、沉降，或降水淋溶、地表径流等污染周围地区的土壤。其污染物的种类和性质都较复杂，且随着工业化和城市化的发展，有日渐扩大之势。

(4) 农业污染型。由于农业生产需要，在化肥、农药、垃圾堆肥、污泥长期施用过程中造成的土壤污染。主要污染物为化学农药、重金属，以及N、P富营养化污染物等。污染物集中于耕作表层。

(5) 综合污染型。土壤污染往往是多污染源和污染途径同时造成的，即某地区的土壤污染可能受大气、水体、农药、化肥和污泥施用的综合影响所致，其中以某一种或两种污染源污染影响为主。

按土壤污染物的属性分类。

(1) 化学型。化学型污染包括有机污染型和无机污染型。有机污染型主要指农药（如有机氯类、有机磷类、苯氧羧酸和苯酰胺类）、酚、氰化物、3,4-苯并芘、石油、有机洗涤剂、塑料薄膜等物质的污染；无机物污染型包括重金属、酸、碱和盐类等物质的污染。

(2) 放射性污染型。人类活动排放出的放射性污染物，使土壤放射性水平高于自然本底值。如核爆炸产生的放射性物质的沉降、放射性废水排放、放射性固体废物的土地处理、核电站或其他核设施的核泄漏等都有可能造成后果严重的土壤放射性污染。

(3) 生物污染型。外源性有害生物种群侵入土壤环境，并大量繁殖，使土壤生态平衡遭受破坏，对土壤生态系统和人体健康造成不良影响的污染称为生物污染。如由于施用未经处理的粪便、垃圾、城市污水和污泥等都有可能造成土壤生物污染；有些病原体可长期存活于土壤中危害植物，影响植物产品的产量和质量。

(三) 土壤污染的防治

人类在日常生活和生产活动中向环境排放的废气、废水和废渣是土壤污染的主要原因。对三废造成的污染，一般采用如下的方法进行治理。

1. 加强污灌前的监测与处理

工业废水所含成分复杂，在利用之前要测定污水的成分进行处理，排放标准要符合国家环保法中的规定。

2. 合理使用农药，发展高效低毒低残留农药

合理使用农药不仅能够减少对土壤和植物的污染，而且能够经济有效地消灭病虫害。农药品种很多，常见的有有机磷农药、有机氯农药和有机汞农药。有机氯农药，在土壤中不易分解，残留时间长，会造成农作物残毒，如DDT在土壤中的半衰期为2～4年。有机磷农药（1605、1059等）剧毒、高残留，要限制使用。

为了防止土壤污染，必须制定农药安全使用标准，控制农药施用量、浓度、次数和施药方式，研制开发高效、低毒、低残留的农药，大力提倡生物防治，如用白僵菌防治玉米螟、松毛虫，用七星瓢虫防治棉蚜，用赤眼蜂防治松毛虫、蔗螟，用杀螟杆菌防治三化螟、松毛虫等都有较好的效果。

目前我国许多地区对农作物病虫害采用综合防治，不仅减少了有毒农药的施用量，而且还保护了环境，减少了土壤污染。

3. 消除重金属污染

对受重金属污染的土壤，可采取灌溉稀释及洗毒法，使有毒物质转移至较深土层中，以减少土表毒物浓度，或将含毒的污水排出田地，进行净化处理。消除重金属污染，还可以采用多施有机肥的方法，以增加土壤中的有机质，有机质可与重金属结合，形成不易溶解的络合物，可以减少植物对重金属的吸收；使用石灰提高土壤 pH 值到 6.5 以上时，可以显著减少植物对铬、铜、锌的吸收；许多重金属磷酸盐溶解度小，施加磷灰石控制这些重金属的浓度，同样可减轻重金属污染的毒害。

4. 清除生物性污染

清除生物性污染一方面依靠土壤的自净作用，另一方面可直接用化学或热处理法，如熏蒸消毒、杀菌剂等，还可以通过土壤管理措施，如深翻、中耕等，促进那些能抑制病源生物的有机体发展，用以控制植物病源生物。

5. 处理垃圾

处理垃圾必须实行垃圾分类收集，有机垃圾用堆肥处理，生物降解后可以作为有机肥料；金属类、纸类、玻璃、橡胶等可以回收利用，不能利用的可以填埋、铺路等。

(四) 污染土壤的修复

对于已被污染的土壤可以采取下列改良措施，以恢复和改善土壤环境的质量，使土壤资源可持续利用。

1. 排土、客土改良（物理改良措施）

重金属污染物大多富集于地表数厘米或耕作层，采用排土（挖去污染土层）、客土（用非污染客土覆盖于污染土上）法，可获得理想的改良效果。但此法耗费大量的劳动力，并需有丰富的客土来源，排出的污染土壤还要妥善处理，以防造成二次污染。因此这种方法只适用于改良小面积污染土地。

2. 生物改良措施

可以采取下列措施：

(1) 种植某些非食用的、吸收重金属能力强的植物来逐步降低土壤重金属含量，恢复土壤环境的质量。如羊齿类铁角蕨属的一种植物，对土壤中镉（Cd）的吸收率为 10%，连续种植多年可降低土壤含镉量。

(2) 利用土壤中红酵母和蛇皮藓菌净化土壤。据日本学者研究认为，这两种生物对剧毒性的聚氯联苯降解率分别达到 40%和 30%。利用蚯蚓降低污染、改良土壤。蚯蚓不仅能翻耕土壤、改良土壤，而且还能处理农药、重金属等有害物质。

3. 施加抑制剂（化学改良剂）

施加化学抑制剂可改变有毒物质在土壤中的迁移方向，使其被淋洗或转化为难溶物质，减少被作物吸收的机会。一般施用的抑制剂有石灰、碱性磷酸盐等。

三、土壤退化的防治

(一) 土壤退化及其成因

土壤退化是土壤生态遭受破坏的最显明的标志。由于自然的，特别是人为的原因，使土壤生态系统的组成、结构和功能受到影响或破坏（如自然植被的破坏或丧失、土壤生物区种群组成的明显变化、物种的消失、土壤侵蚀、荒漠化、盐渍化、沼泽化或潜育化、酸化、肥力下降等）而使土壤固有的物理、化学和生物学特性和状态发生改变，导致土壤生态系统功能、生产潜力和环境质量的等级或状况下降，均属土壤退化现象。

土壤退化既有复杂的自然背景和原因（如全球环境变化），也有着人为活动影响的诸多直接和间接的原因（如土壤的不合理利用）。而社会经济的发展、人口的持续增长，又增加了土壤的压力。如过度放牧和耕种、大量砍伐森林、破坏植被而导致的水土流失，以及大量排放污染物等都是造成土壤退化的原因。

（二）土壤退化类型及其防治

据《世界资源》报道，自第二次世界大战以来40多年的时间里，全球1/10的耕地退化。我国是土壤退化严重的国家和地区之一。如受水土流失危害的耕地占我国耕地总面积的1/3，荒漠化土地面积占我国土地总面积的8%。

1. 荒漠化和沙化

荒漠化是指因气候干旱，或人为不合理利用，而使地表植被破坏或覆盖度下降，风力侵蚀、土表或土体盐渍化加重等均属荒漠化表征。荒漠化和沙化主要发生在干旱、半干旱以至半湿润和滨海地区。全球沙漠面积占陆地面积的20%，荒漠化面积约$36\times10^6km^2$，达陆地总面积的28%。

荒漠化是人类面临的最严重的威胁之一。为防治土地荒漠化，1994年由115个国家签署、55个国家批准的联合国防治荒漠化公约生效。防治荒漠化主要措施有控制农垦、防止过牧、因地制宜地营造防风固沙林、种灌植草，建立生态复合经营模式。

2. 土壤侵蚀（或水土流失）

土壤侵蚀是在水、风等营力作用下，土壤及其疏松母质（特别是表土层）被剥蚀、搬运、堆积的过程。根据其营力作用，又将土壤侵蚀分为水蚀和风蚀两大类型。

据估计，世界每年土壤流失量为$2.5\times10^{10}t$，相当于损失土地$(6.0\sim7.0)\times10^4km^2$。40多年来，世界可耕地由此而损失近1/3。我国每年土壤流失量占世界总量的1/5，相当于全国耕地削去10mm厚的肥土层，损失氮、磷、钾养分约相当于4000×10^4t化肥。土壤侵蚀不仅使肥沃表土层减薄，养分流失，蓄水保水能力减弱，最终将使表土层直至全部土层被侵蚀，成为贫瘠的母质层，甚至成为岩石裸露的不毛之地。土壤侵蚀还使区域生态恶化，影响河流水质和水库的寿命。

防治土壤侵蚀的措施有，因地制宜地开展植树造林，植灌和植草与自然植被保护和封山育林相结合；生物措施与工程措施相结合，水土保持与合理的经济开发相结合，并以小流域为治理单元逐步进行综合治理。根据我国《水土保持法》，凡坡度$\geqslant25°$的山地丘陵坡地严禁开垦，对已开垦的要逐步退耕还牧还林；对其他坡地要实行坡地梯田化及等高种植等行之有效的防治土壤侵蚀的措施。

3. 土壤盐渍化或盐碱化

土壤盐渍化或盐碱化是由于自然的或人为的原因，使地下潜水水位升高、矿化度增加、气候干旱、蒸发增强，而导致的土壤表层盐化或碱化过程增强，表层盐渍度或碱化度加重的现象。它主要发生于干旱、半干旱、半湿润和滨海平原的洼地区。

盐碱化的防治措施有：实施合理的灌溉排水制度；调控地下水位，精耕细作，多施有机肥，改善土壤结构，减少地表蒸发，选择耐盐碱作物品种等。

4. 土壤沼泽化或潜育化

土壤沼泽化或潜育化是指土壤上部土层1m内，因地表或地下长期处于浸润状态，土壤通气状况变差，有机质因不能彻底分解而形成灰色或蓝灰色潜育土层，称为沼泽化或潜育化，常发生于我国南方水稻种植地区。土壤沼泽化降低了有机质的转化速度，使土壤中还原性有害物质增加，土壤温度降低、通气性差，土壤微生物活性减弱等。

防治土壤沼泽化的途径应先从生态环境治理入手，如开沟排水、消除渍害，多种经营、综合利用。其治理模式有稻田—水产养殖系统；水旱轮作；合理施用化肥，多施磷、钾、硅肥。

5. 土壤酸化

土壤酸化是由于人为活动使土壤酸度增强的现象。土壤中酸性物质可来源于：长期施用酸性化肥；酸性矿物的开采，化石燃料燃烧排放的酸性物质通过干、湿沉降进入土壤环境等。土壤酸化的影响范围正在我国和全球逐步扩大，成为全球性环境问题。

土壤酸化结果，首先使土壤溶液中 H^+ 浓度增加，土壤 pH 值下降，继而增强了钙、镁、磷等营养元素的淋溶作用；其次，随着溶液中 H^+ 数量增加，H^+ 开始交换吸附性 Al^{3+} 等，而使 Al^{3+} 等重金属离子的活性和毒性增加，导致土壤生态环境恶化。

对土壤酸化要针对原因进行防治。对施酸性肥料引起的酸化，要合理施肥，不偏施酸性化肥；对因矿山废弃物而引起的土壤酸化，要采取妥善处理尾矿，消灭污染源，以及施石灰中和等措施；对因酸沉降而引起的土壤酸化，要从根本上控制酸性物质的排放量，即控制污染源。对酸化土壤的重要改良措施是施加石灰，中和其酸性和提高土壤对酸性物质的缓冲性；水旱轮作、农牧轮作也是较好的生态恢复措施。

第四节 固体废弃物污染与治理

一、固体废弃物概念及其分类

1. 固体废弃物的概念

固体废弃物，通常指人类在生产、加工、流通以及生活等过程中利用完其使用价值后丢弃的固体状或泥浆状的物质。

“废弃物”是一个相对概念，有一定时空条件。一种过程中产生的废弃物，可以成为另一过程的原料，所以废弃物也有放在错误地点的原料之称。实际上，在具体的生产和生活环节中，人们对自然资源及其产品的利用，总是仅利用所需要的一部分或仅利用一段时间，而剩下的就将其丢弃。由于原材料的性质、工艺设备、技术水平以及对产品的使用目的不尽相同，所丢弃的这部分物质的成分、状态也有所不同。而人类所生产的产品的多样性，使得其所用原料也具有多样性，这样在生产与生活中产生的废弃物就有充分的机会被人类重新加以利用。随着时间的推移和技术的进步，人类所产生的废弃物将越来越多地被转化为新的原料。因此，从这个意义上讲，它们不是废弃物，而是资源，这就是固体废弃物的二重性。所以，固体废弃物亦称固体废物。

2. 固体废弃物的分类

固体废弃物可以按不同的方式进行分类，按组成可分为有机废弃物和无机废弃物；按形态，可分为固体（块状、粒状、粉状）和泥状废弃物；按来源，可分为工业废弃物、农业废弃物、矿业废弃物、城市垃圾和放射性废弃物等；按危害特性，可分为有害和无害固体废弃物。国内外普遍采用的是按来源进行固体废弃物分类，如图 3-31 所示。

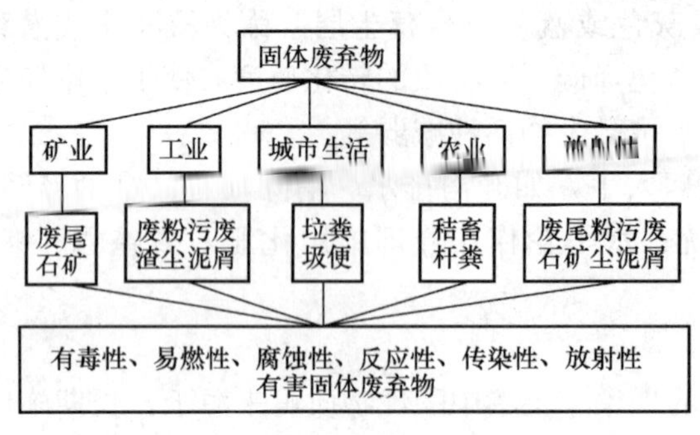

图 3-31　固体废弃物分类

(1) 工业固体废弃物。这类固体废弃物指工业生产过程和工业加工过程所产生的废渣、粉尘、废屑、污泥等，主要包括以下几种：

1) 冶金工业废弃物主要指各种金属冶炼或加工过程中所产生的各种废渣，如炼铁产生的炉渣，炼钢产生的钢渣，铜、镍、铅、锌等冶炼过程产生的有色金属渣，铁合金渣以及提炼氧化铝时产生的赤泥等。

2) 能源工业固体废弃物主要指燃煤电厂产生的粉煤灰、炉渣、烟道灰，采煤及洗煤过程中产生的煤矸石等，还有石油工业产生的油泥、焦油、页岩渣、废催化剂等。

3) 化学工业固体废弃物主要指化学工业生产过程中产生的硫铁矿渣、酸渣、碱渣、盐泥等。

4) 其他固体废弃物主要指机械加工过程中产生的金属碎屑、建筑废料以及轻工纺织系统产生的废渣及水处理污泥等。

(2) 农业固体废弃物。农业固体废弃物是指农、林、牧、渔各业生产、科研及农民日常生活过程中的植物秸秆、牲畜粪便、生活废物等。

(3) 矿业固体废弃物。这类固体废弃物主要包括采矿废石和尾矿。废石是指各种金属，大量金属矿山开采过程中剥离下来的各种岩石。这类废弃物量大，多在采矿现场就近堆放。尾矿则是指各种选矿、洗矿过程中产生的剩余尾砂。

(4) 城市垃圾。城市垃圾指居民生活、商业活动、市政维护、机关办公等产生的生活废弃物，如炊厨废弃物、废纸、织物、家用杂具、玻璃陶瓷碎物、电器制品、废旧塑料制品、废交通工具、煤灰渣、脏土及粪便等。

(5) 放射性固体废弃物。放射性固体废弃物指燃料生产加工、同位素应用、核电站、科研单位、医疗单位以及放射性废物处理设施的放射性废弃物，如尾矿、被污染的废旧设备、仪器、防护用品、废树脂、水处理污泥及残液等。

我国制定的《固体废弃物管理法》中，将固体废弃物分为工业固体废弃物和生活垃圾两大类，把其中具有毒性、易燃性、腐蚀性、反应性及传染性的废弃物列为有害废物，其他则按一般废弃物进行管理。

3. 有害固体废弃物

有害固体废弃物是一类具有特殊物理、化学、生物特性的物质，一旦管理不当，就会对人体健康和环境造成危害。这种危害包括急性危害（如急性中毒、火灾爆炸等），还包括长期潜在性危害（如慢性中毒、致癌、污染地面和地下水等）。一般将具有下列危害的废弃物定义为有害废弃物：

(1) 引起或导致死亡增加。

(2) 引起各种疾病的增加。

(3) 降低对疾病的抵抗力。

(4) 在处理、贮存、运输、处置或其他管理不当时，对人体健康或环境造成即时或潜在性的危害。

二、固体废弃物对环境的污染及其管理

1. 固体废弃物对环境污染的危害

固体废弃物堆积量大、占地广。从有害成分迁移转化的角度看，由于废水、废气在处理时其有害成分往往转化成固体形态，因此，固体废弃物在某种意义上成了有害成分存在的终态。存于固体废弃物中的有害物质不易破坏衰减，其危害具有长期性和潜在性，不易被人们发现。由于过去只注意防治水、气的污染，加上法制不健全、管理不完善，随意或不按期处置这些固体废弃物，有的甚至直接倒入江、河、湖、海造成严重污染。

(1) 侵占土地。固体废弃物累积量的增加，使占地大量增加。这是国内外普遍存在的一个问题。1990 年，我国固体废弃物累积堆存 6448 亿 t，占地 5.8 亿 m^2。

(2) 污染土地。固体废弃物长期露天堆放，其中有害成分经过风化、雨淋、地表径流的侵蚀很容易渗入土壤中，不仅会使土壤中的微生物死亡，使之成为无腐解能力的死土，而且这些有害成分在土壤中过量积累，还会使土壤盐碱化、毒化。由于工业固体废弃物中的有害物质释入土壤，积累量过大，导致土壤破坏、废毁、无法耕种的事例很多。如联邦德国某冶金厂附近的土壤被污染后，在该土地上生长的植物体内含铅量为一般植物的 80～260 倍，含锌量为一般植物的 26～80 倍，含铜量为 30～50 倍。我国也有一些地区的稻田受到镉的污染，稻米含镉超标，无法食用。

如果直接用垃圾、粪便或来自医院、肉联厂、生物制品厂的废渣作为肥料施入农田，其中的病原菌、寄生虫等就会使土壤污染，被病原菌污染后的土壤，可通过下面两条途径使人致病：

1) 人与污染后的土壤直接接触，或生吃该土壤上种植的蔬菜、瓜果致病。

2) 污染土壤中的病原体和其他有害物质，随天然降水径流和渗流进入水体，再传于人体。

垃圾、粪便长期弃置郊外，粗制滥造，作为堆肥使用，使土壤碱性增加，重金属富集。因过量施用废弃物使土质被破坏的土地每年有近 70km^2，从而影响了农业生产。

受到污染的土壤，由于一般不具有天然的自净能力，也很难通过稀释扩散的办法减轻其污染程度，所以不得不采取耗资巨大的办法解决。

(3) 污染水体。固体废弃物一般通过下列几种途径进入水体使水体污染：

1) 废弃物随天然降水流入江、河、湖、海，污染地表水。

2) 废弃物中的有害物质随水渗入土壤，进入地下水，使地下水污染。

3) 较小的颗粒、粉尘随风散扬，落入地面水，使其污染。

4) 将固体废弃物直接排入江、河、湖、海，造成其更大的污染。

由于许多企业的堆渣无地可征，我国有不少场所直接把废渣排入水体，每年约 4000 多万 t，仅电厂每年向长江、黄河等水系统排放粉煤灰 500 万 t。有的企业在排污口外形成的灰滩已延伸到航道中央，长江上游的一些沿江企业排出的灰渣在河道中大量淤积，将对中游的大型水利工程造成潜在的危害。

(4) 污染大气。固体废物一般通过以下途径使大气受到污染：

1) 在适宜的温度下，由废弃物本身的蒸发、升华及发生化学反应而释放出有害气体。

2) 废弃物中的细粒、粉末随风吹扬，加重大气的粉尘污染。

3）在废弃物运输处理、处置和利用过程中产生有害的气体和粉尘。

（5）影响环境卫生。由于没有废渣、垃圾处置场所，固体废弃物被随意倾倒，堆放在城市的各个角落，既影响市容、妨碍景观，又容易影响环境卫生，传染各种疾病。在我国，城市垃圾、粪便的出路历来是送往近郊区的农田作肥料，而大部分生活垃圾只作简单分选就直接上地，没有经过高温堆肥、无害化处理。目前随着城市人口的迅速增加，城市的生活垃圾每年以6%～7%的速度增加，固体废物在面临着无处安纳的困难局面。

2. 固体废弃物的污染途径

固体废弃物虽然不是环境介质，但常常是多种污染成分存在的终态而长期存在于人类环境之中，在一定条件下会发生物理的、化学的以及生物的转化，对周围环境造成影响。如果处理、处置、管理不当，污染成分就会通过水、气、土壤、食物链等各种途径污染环境，危害人类健康。一般工矿业废物所含的化学成分会形成化学物质型污染，如图3-32所示。

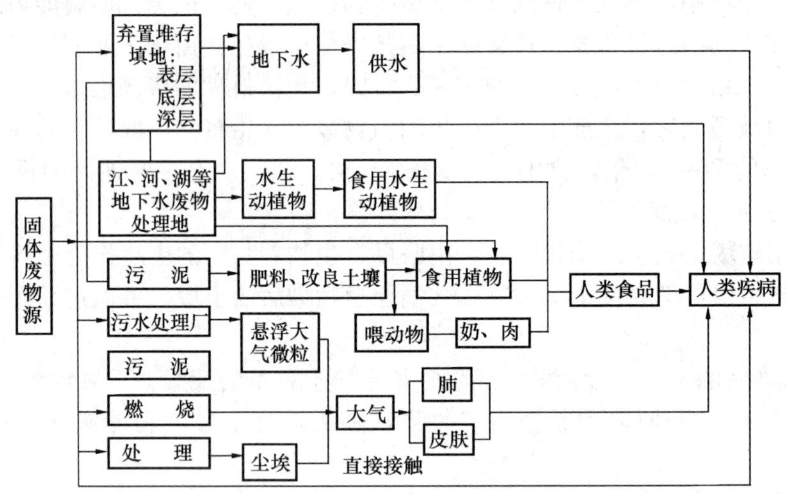

图3-32　化学物质型固体废弃物致病途径

3. 固体废弃物环境管理的特点

固体废弃物与水污染和大气污染相比，在管理方面有自己的特点，主要表现在以下几个方面。

（1）要作最终处置。许多固体废弃物，特别是废水、废气处理过程所产生的残渣物质，往往最大限度地浓集了多种污染成分。在无法或暂时无法加以综合利用的情况下，为了避免和减少二次污染，必须进行妥善的管理，使其最大限度地与生物圈隔离，这就是安全处置。安全处置主要解决废弃物的最终归宿问题，它是控制固体废弃物污染环境的最后关键环节。

（2）要作妥善的途径管理。安全处置要求合适的水文、地质、气候等条件，要求合理的设计、建造、操作和长期监测。因此，需要将固体废弃物，特别是有害废弃物从不同的产生地加以收集、包装，集中送到中间转运站，集中送到某一场地，预处理后加以处置。从废弃物的产生到处置需要经历多种渠道、许多环节，在每一环节上，既可能造成土壤、水体和大气的污染，也可能直接危害人体和其他物种。所以，必须对固体废弃物实行全过程的污染控制管理，这就是途径管理。

（3）要注意潜在危害。固态的有害废弃物有长期的滞留性和不可稀释性，一旦造成环境污染，往往很难补救恢复。其中，污染成分的迁移转化，如浸出液在土壤中的迁移是一个缓慢的过程，其危害可能在数年至数十年后才能发现。

上述特点决定了对于固体废弃物的管理将完全不同于水体、大气污染那样的管理体制。

对于废水、废气，通常采用的是控制污染源的管理体制，而对于固体废物，则必须实行从产生到最终处置的全过程的管理体制，而将产生、运输、综合利用、处理、处置等所有废弃物运动过程所涉及的各环节都作为污染源进行管理和控制。这一管理体制按照其先后次序可以分为以下几个方面：①产生、分类、标识；②运输；③加工处理；④交换和能量回收；⑤焚烧和无害化处理；⑥贮存和完全处理；⑦浸出液管理，处置场监督、管理。

三、固体废弃物的利用

许多固体废弃物实际上仍有利用价值，尤其是不少工业固体废弃物可以作为二次资源加以利用。这种二次资源与自然资源相比有三大优点：生产效率高、能耗低和环境效益高。因此，世界各国都广泛开展了固体废弃物的综合利用。表3-3给出了工业废渣在建筑行业的应用情况。

表3-3　工业废渣作为建筑材料方面的用途

工业废渣	用途
高炉渣、粉煤灰、煤渣、煤矸石、钢渣、电石渣、尾矿粉、赤泥、铜渣、铅渣、硫铁矿渣、铬渣、废石膏、水泥窑灰等	制造水泥原料或混凝土
	制造墙体材料
	道路材料，制造地基垫层材料
高炉渣（气冷渣、粒化渣、膨胀矿渣等）、粉煤灰（煤矸石、赤泥、铜渣、镍渣等）	作为混凝土骨料和轻质骨料制陶
高炉渣（渣棉、水渣）、粉煤灰、煤渣等	制造保温材料
高炉渣、铜渣、镍渣、粉煤灰、煤矸石等	制造热铸制品

1. 固体废弃物作为工业原料

固体废弃物中含有多种有益成分，可以作为某些工业的原料，如钢渣可以代替焙剂用于烧结生产，可以作为高炉、化铁炉的熔剂，也可以返转入炉炼钢；铬渣可以代替铬矿粉作玻璃色剂；洗煤厂排出的煤泥可在铸造过程中作砂的粘结剂。

2. 固体废弃物作为能源

来源于煤炭、石油、动植物的固体废弃物大多含有一定量的煤炭、油和生物能。20世纪70年代世界性能源危机以来，从固体废弃物中，特别是城市垃圾中回收能源的技术得到迅速发展。

固体废弃物作为能源的途径有两条：一条是将固体废弃物直接焚烧，然后利用焚烧释放出的热量供热或发电，又称为直接回收利用法。另一条是先将固体废弃物加工成原料，然后再进行焚烧供热或发电。这是一种间接回收利用法，得到的燃料为垃圾衍生燃料（ROF）。

3. 固体废弃物在农业上的利用

固体废弃物中常含有丰富的有机质和作物养分，可以用来改良土壤，为作物提供营养元素等。据报道，美国每年产生有机干废弃物8亿t左右，其中包括牲畜粪便、秸秆残茬、污泥、食品废物、城市垃圾、木材加工废物、工业有机废物等。这些废物中含有1352万t氮素，388万t磷和1004万t钾。近年来，美国的化肥消耗量为氮肥1064万t，磷肥245万t，钾肥 485 万 t，可见废物中的营养元素含量远超过化肥的消耗量。

将城市垃圾堆肥施用到农田中是我国传统的垃圾利用方法，是消纳处理城市垃圾的有效措施。目前，我国每年产生城市生活垃圾 5000～7000 万 t，以利用率 60% 计算，其中含有相当于 240～336 万 t 的有机物，180～250 万 t 的氮、磷、钾养分。把垃圾作堆肥施于农田，既可消除垃圾对环境的污染，又为农作物提供了充足的养分。

固体废弃物在农业上的利用主要有两个方面：一是作为土壤改良剂，用来改良土壤；二是用来作为肥料，为作物提供生长所需的养分。如城市垃圾、污泥、农业废弃物可进行堆肥或沼气化处理，然后作为肥料施用于农田；粉煤灰可用来改良土壤；高炉渣、钢渣、有色冶金渣等可以用来生产钙镁磷肥。

四、固体废弃物的处理

固体废弃物处理通常是通过物理、化学、生物、物化及生化方法把固体废物转化为适于运输、贮存、利用或处置的物料的过程。固体废弃物处理的目标是无害化、减量化、资源化。对于不同成分的废弃物，要综合考虑各种因素，并通过分析、论证，才能确定采用哪种处理方法才是符合环境、经济和具有社会效益要求的处理方法。

1. 固体废弃物的压实

为了减少固体废弃物的运输和处置体积，从而减少运输和处置费用，必须对固体废弃物进行压实处理。压实一般用压实器进行。

适于压实减少体积处理的固体废弃物有垃圾、松散废物、纸带、纸箱及某些纤维制品等。对于那些可能使压实设备损坏的废弃物不宜采用压实处理。某些可能引起操作问题的废弃物，如焦油、污泥或液体物料一般不宜作压实处理。

2. 固体废弃物的破碎

为了使进入焚烧炉、填埋场、堆肥系统等的废弃物的外形尺寸减小，必须预先对固体废弃物进行破碎处理。经过破碎处理的废弃物，由于消除了大的空隙，不仅使尺寸大小均匀，而且质地也均匀，在填埋过程中更容易压实。固体废弃物的破碎方法很多，主要有冲击破碎、挤压破碎、摩擦破碎等，此外还有专用的低温破碎和湿式破碎等。

3. 固体废弃物的分选

固体废弃物在处理、处置与利用之前必须进行分选，将有用的成分选出来加以利用，将有害的成分分离出来，防止损坏处理、利用及处置设施或设备。分选一般有两种：一种是将不同的物质加以分离，另一种是将不同粒度级别的废弃物加以分离。

分选的基本原理是利用物料的某些性质方面的差异，将其分选开。例如，利用废弃物中的磁性和非磁性差别进行分离，利用粒径尺寸差别进行分离，利用比重差别进行分离等。根据不同性质，可以设计制造出各种机械对固体废弃物进行分选。分选包括手工捡选、筛选、风力分选、淘汰机械、浮选、磁选、静电分选等。

4. 固体废弃物的固化

固化和化学稳定是指通过物理化学方法将有害固体废弃物固定或包裹在惰性固化基材中的一种无害化处理过程。

固化处理的目的是使废弃物中所有污染成分呈现化学惰性或被包裹起来，以便运输、利用或处置。因此，理想的固化产物应具有良好的抗渗透性，良好的机械特性，以及抗浸出性、抗干湿、抗冻融特性。这样的固化产物可直接在安全土地填埋场处置，也可用作建筑的基础材料或道路的路基材料。固化方法可以根据固化基材及固化过程分为以下六类：①水泥固化；②石灰固化；③热塑性材料固化；④有机聚合固化；⑤自胶结固化；⑥玻璃固化、陶瓷固化等。

在我国，固化方法主要用于处理放射性废弃物，沥青固化已达到工业化规模，水泥固化达到中试阶段，玻璃固化还在继续研究之中。

5. 固体废弃物的焚烧和热解

由于固化废弃物中可燃物的比例逐渐增加，采用焚烧方法处理固化废弃物，利用其热能已成为必然的发展趋势。以此种处理方法处理固体废弃物，占地少，处理量大，在保护、提供能耗等方面可取得良好的效果。但是焚烧法也有缺点，例如，投资较大，焚烧过程排烟造成二次污染，设备锈蚀现象严重等。

热解法的工艺流程是：首先，将水分从固体废弃物中蒸发掉，然后随着温度的上升使有机成分开始分解，接着分离出气体和液体。目前世界上已研究出数种固体废物的热解过程。

高温热解的优点是工艺流程连续性强；载热带中没有运动部分；尘状成分经过熔化，烟气造成的固体微粒损失小。

五、固体废弃物的处置

无论技术多么先进，总不可避免产生出一些无法利用和处理的固体废弃物。这些固体废弃物是多种污染物质存在的终态。处于终态的固体废弃物要长期存在于环境之中，为了防止其对环境的污染，必须进行最终处置。处置的目的和技术要求是，使固体废弃物在环境中最大限度地与生物圈隔离，避免或减少其中的污染组分对环境的污染与危害。

1. 海洋处置

海洋处置分为两种：一种是传统的海洋倾倒，另一种是近年发展起来的远洋焚烧。

对于海洋处置存在着两种不同看法。一种观点认为海洋具有无限的容量，是处置多种工业废弃物的理想场所，处置场在海底越深，处置越有效。另一种观点认为这种状态持续下去会造成污染，杀死鱼类，破坏海洋生态。

（1）海洋倾倒。海洋倾倒是将固体废弃物直接投入海洋的一种处置方法。其理论基础是海洋是一个庞大废弃物接受体，对污染物质有极大的稀释能力。装在封闭容器中的有害废弃物，即使容器破损污染物质浸出，由于海水的自然稀释和扩散作用，可使环境中污染物质达到容许的程度。

进行海洋倾倒时，首先要根据有关法律规定，选择处置场地，然后再根据处置区的海洋学特性、海洋保护水质标准、处置废弃物的种类及倾倒方式进行技术可行性研究和经济分析，最后按照设计的倾倒方案进行投弃。

对于放射性废弃物及含重金属的有害废弃物，在进行海洋倾倒前必须进行固化处理。固化方式有两种：一种方法是把废弃物按一定配方同水泥混合、搅拌均匀注入容器，养护后进行处置；另一种方法是把废弃物先装入桶内，然后注入水泥，养护后再注入或涂覆沥青，以降低固化体的浸出率。

（2）远洋焚烧。远洋焚烧是利用焚烧船在远海对固体废弃物进行处置的一种方法，适于处理各种含氯的有机废弃物。

据试验，如果含氯有机物完全燃烧产生水、二氧化碳、氯化氢和氮氧化物，由于海水本身氯化物含量高，并不会因吸收大量的冷凝氯化氢而使海水中氯的平衡发生变化；此外，由于海水中碳酸氢盐的缓冲作用，也不会因吸收氯化氢而使海水的酸度发生变化。这样就可以保持其正常的 pH 值。

海洋处置 应当遵守国际有关法律和国际性决议，在规定的海域内选择处置场地及允许的方式进行。我国政府已同意接受《关于海上处置放射性废物的决议》等三项国际性决议，从 1994 年 2 月 20 日起禁止在其管辖海域处置一切放射性废弃物和其他放射性物质，在海上处置工业废弃物以及在海上焚烧废弃物和阴沟河泥等活动。

2. 卫生土地填埋

卫生土地填埋是处置一般固体废弃物，使之不会对公众健康及安全造成危害的一种处置方法，主要用来处置城市垃圾。通常把运到土地填埋场的废弃物在限定的区域内铺撒成 40～75cm 的薄层，然后压实以减少废弃物的体积，每层操作之后用 15～30cm 厚的土壤覆盖，并压实。压实的废弃物和土壤覆盖层共同构成一个单元，具有同样高度的一系列相互衔接的单元构成一个升层。完整的卫生土地填埋场是由一个或多个升层组成的。当土地填埋达到最终的设计高度之后，再在填层之上覆盖一层 90～120cm 厚的土壤，压实之后就得到一个完整的卫生土地填埋场，如图 3-33 所示。

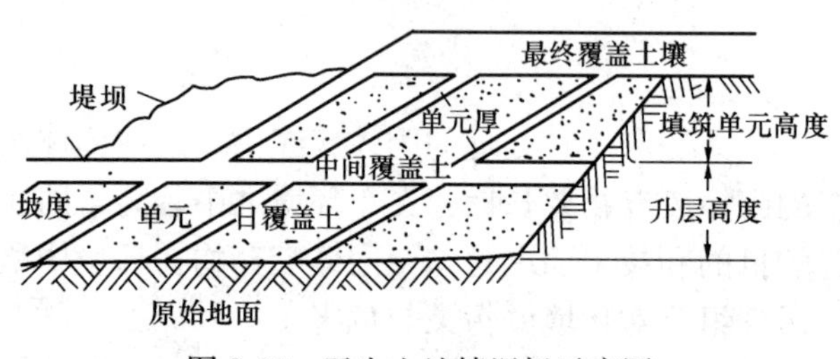

图 3-33 卫生土地填埋场示意图

为了防止地下水污染，目前卫生土地填埋已从过去的依靠土壤过滤自净的扩散型结构发展为密封结构。密封结构不单纯依靠土壤的自净作用来保护地下水，而是在填埋场的底部设置人工合成的衬里，使环境完全屏蔽隔离，防止浸出液的渗漏。常用的衬里材料有高强度聚乙烯膜、橡胶、沥青及黏土等。

3. 安全土地填埋

安全土地填埋实际上是卫生土地填埋方法的进一步改进，对场地的建造技术要求更为严格，衬里系统的渗透系数要小于10^{-8}cm/s，浸出液则要加以收集和处理；地表径流要加以控制。安全土地填埋适于处置多种类型的废弃物且价格较为便宜，目前许多国家已采用，并取得了大量的生产运行经验。

安全土地填埋场必须设置人造或天然衬里，最下层的土地填埋物要位于地下水位之上；要采取适当的措施控制和引出地表水；要配备浸出液收集、处理及监测系统，采用覆盖材料或衬里控制可能产生的气体，以防气体释出；要记录所处置的废弃物的来源、性质和数量，把不相容的废弃物分开处置。图 3-34 所示是典型的安全土地填埋场示意图。

安全土地填埋的主要问题：一是浸出液的收集控制。实践表明，过去的一些衬里系统不太适宜，衬里一旦破坏就很难维修。二是由于各项法律的颁布和污染控制标准的制定，对土地填埋的要求更加严格，致使处置费用不断增加。

4. 深井灌注

应该指出，需要进行终态处置的废弃物中，有时也有液态物质。利用深井灌注可以安全处置这类废弃物。

深井处置系统要求适宜的地层条件，并要求废弃物跟建筑材料、岩层间的液体以及岩层本身具有相容性。对于在石灰岩或白云层处置容纳废弃物的主要机理是基于空穴型空隙，加上断裂层和裂缝。对于在砂石岩层处置容纳废弃物主要依靠存在于穿过密实砂床，内部相连的间隙，如图 3-35 所示。

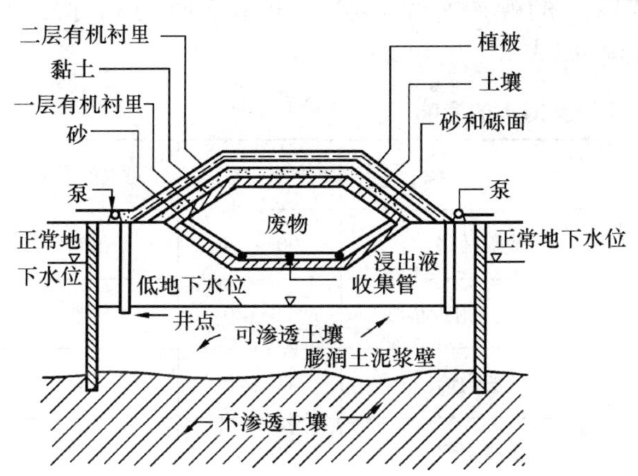

图 3-34　安全填埋场结构

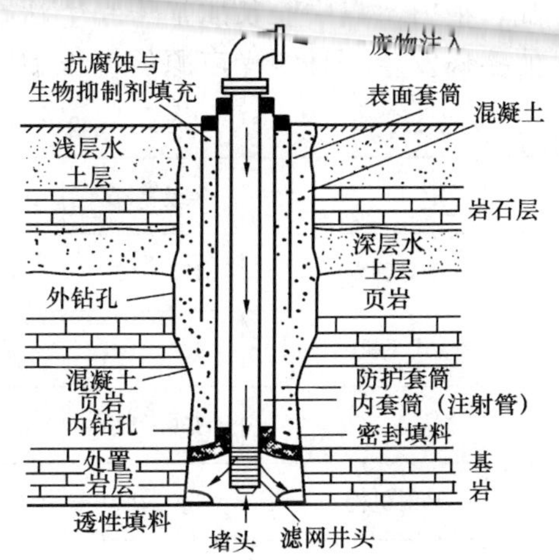

图 3-35　废物灌注井剖面图

深井灌注处置的关键在于选择适于处置废弃物的地层。一般来说，适于深井处置的地层应满足以下条件：①处置区必须位于饮用水源之下；②有不透水的岩层把注入废弃物的地层隔开，使废弃物不至流入到有用的地下水源和矿藏中去；③有足够的容量、面积较大、厚度适宜、空隙率高、饱和度适宜；④有足够的渗透性，压力低，能以理想的速率和压力接受废弃物；⑤地层的结构使其原来所含有的流体与注入的废物相容，或者可把废弃物处理，使其相容。

5. 土地耕作

土地耕作是使用表层土壤处置工业固体废弃物的方法，它把废弃物当作肥料或土壤改良剂，直接施用在土地上或混入土壤表层。根据处置废弃物的种类及施用方式，土地耕作还称为土地铺散、土地应用、污泥造田、土壤耕种和土地处置等。

土地耕作是一种简单的固体废弃物处置方法，具有工艺简单，费用适宜，对环境影响较小，能够改善土壤结构和增加土壤肥力等优点。

人们对固体废弃物的处置做了大量研究，不断提出一些解决的方法。但是，对于有害的危险固体废弃物的处置，可以说是全世界，包括工业发达国家，至今还没有完全得到解决的问题。有害的危险性废弃物的转移、倾倒已成为全球性的环境问题。这一问题正亟待人们去探索和解决。

第五节　噪声污染与控制和其他污染及其防治

一、噪声污染与控制

1. 噪声的定义及其度量

凡是不需要的、使人厌烦并干扰人的正常生活、工作和休息的声音统称为噪声。噪声具有针对一定的时间、区域、人群而言的相对性。

噪声的强度可用声级表示，单位为分贝（dB）。一般来说，声级在 30～40dB 是比较安静的环境，超过 50dB 就会影响睡眠和休息，70dB 以上干扰人们的谈话，使人心烦意乱，精力不集中，长期工作和生活在 90dB 以上的噪声环境，会严重影响听力和导致其他疾病发生。日常噪声源的声级和对人的影响如表 3-4 所示。

表 3-4 日常噪声源的声级及其对人的影响

噪 声 源	声级（dB）	对人的影响	噪 声 源	声级（dB）	对人的影响
火箭导弹发射	150～160	无法忍受	喧闹马路	90～100	很吵
喷气式飞机喷口	130～140	无法忍受	大声说话（附近很吵）	70～80	较吵
螺旋桨飞机	120～130	痛阈	一般说话	60～70	一般
高射机枪	120～130	痛阈	普通房间	50～60	较静
柴油机	110～120	很吵	静夜	30～40	安静
球磨机	110～120	很吵	轻声耳语	20～30	安静
织布机	100～110	很吵	消声状态	10～20	极静
电锯	100～110	很吵	（室内听觉下限）	0～10	听阈
载重汽车	90～100	很吵			

2. 噪声污染的特征

噪声的影响与受害者的生理、心里因素有直接的关系。噪声所引起的污染有如下特点：

（1）某些人喜欢的声音对其他人可能是噪声。

（2）声音在空气中传播时衰减较快，往往影响的范围较小。

（3）声源往往不是单一的，具有分散性。

（4）它不同于水污染、大气污染和土壤污染，在环境中不会产生累积，当声源停止发声时，噪声污染立刻消失。

3. 噪声来源

（1）交通运输噪声。交通运输工具火车、汽车、摩托车、飞机、轮船等在行驶时都会产生噪声。随着城市机动车的增加，交通噪声已成为一个重要的城市环境问题。

（2）工业生产噪声。工业噪声有空气振动噪声，如鼓风机、空压机、锅炉排气等产生的噪声；也有机械振动产生的噪声，如织布机、球磨机、碎石机电锯、车床等产生的噪声；还有电磁力作用产生的噪声，如发电机、变压器产生的噪声。

（3）建筑施工噪声。建筑工地使用的打桩机、推土机、挖掘机等产生的噪声，还有吊机、灌浆机和其他建筑工具的使用产生的噪声。

（4）生活噪声。生活噪声常见的有高音喇叭、商场、自由市场、餐饮服务场地等产生的噪杂声。

4. 噪声的危害

(1) 噪声对人体的危害。噪声对人体的危害主要表现在以下几个方面：

1) 在强噪声（100～120dB）环境中工作一天，就会产生暂时性听力损伤，经过休息可以恢复，如果长期在强噪声环境中工作，就会造成永久性听力损伤。极强的噪声（>120dB）能使人的听觉器官发生急性外伤，引起耳膜破裂出血、双耳变聋、神智不清、脑震荡和休克。

2) 长期在噪声环境中会使人产生头痛、脑胀、昏晕、耳鸣、多梦、失眠、嗜睡、心慌、记忆力衰退、全身乏力等症状。

3) 对视力产生影响。噪声也会造成眼痛、视力衰退、眼花等症状。

4) 使人胃功能紊乱，出现食欲不振、恶心、消瘦、体质减弱等症状。

5) 对内分泌产生影响，使人体血液中油脂及胆固醇升高，甲状腺活动增强并轻度肿大。

6) 噪声干扰人们的交谈、休息和睡眠，从而使人产生烦恼，降低工作效率。

7) 分散人们的注意力，容易引起各种事故。

(2) 噪声对生产的影响。噪声对生产造成严重影响，给建筑物带来灾难。如超音速飞机产生的巨大压力波往往超过140dB，可使墙震裂、门窗破坏，甚至使烟囱和老建筑物发生裂塌，钢结构产生“声疲劳”而损坏。强烈的噪声可使高精度的仪器、仪表失灵，进而影响生产监控和测量。

5. 噪声的控制

噪声污染的发生必须有三个要素：噪声源、噪声传播途径和接受者。只要这三个要素同时存在就构成噪声对环境的污染和对人的危害。控制噪声污染必须从这三方面入手，既要对其分别进行研究，又要将它们作为一个系统综合考虑。优先的次序是：噪声源控制、传播途径控制和接受者保护。噪声控制的一般程序是：首先进行现场调查，测量现场的噪声级和频谱；然后按有关的标准和现场实测的数据确定降噪量；最后制定技术上可行、经济上合理的控制方案。下面介绍噪声控制的一般原理。

(1) 控制噪声源。控制噪声污染的最有效的方法是从控制声源的发声着手。通过研制和选用低噪声设备、改进生产加工工艺、提高机械设备的加工精度和安装技术，以及对振动机械采用阻尼隔振措施，可达到减少发声体的数目或降低发声体的辐射声功率。这是控制噪声的根本途径。

(2) 控制传播途径。由于技术和经济原因，当从声源上难以实施噪声控制时，就需要从噪声传播途径上加以控制。具体方法为：

1) 合理布局。在城市规划时把高噪声工厂或车间与居民区、文教区等分隔开。在工厂内部把强噪声车间与生活区分开，强噪声源尽量集中安排，便于集中治理。

2) 利用声源指向性特点降低环境噪声。高频噪声的指向性较强，可改变机器设备安装方位以降低对周围的噪声污染。

3) 利用屏障阻止噪声传播。可利用天然地形，如山岗、土坡、树木等阻止噪声传播。在噪声严重的工厂和施工现场周围或交通道路两侧设置足够高的围墙或隔声屏；绿化不仅改善城市环境，而且一定密度和宽度种植面积的树丛、草坪也能引起声衰减。一般的宽林带（几十米甚至上百米）可以降噪10～20dB。在城市里可采用绿篱、乔灌木和草坪的混合绿化结构，宽度5m的平均降噪效果可达5dB。

4）充分利用噪声随距离衰减的规律。如距离大于噪声源最大尺寸3～5倍以外的地方，距离若增加一倍，噪声衰减6dB。因而在厂址选择上把噪声级高、污染面大的工厂、车间设在远离需要安静的地方。

5）采用局部降噪技术措施。在上述措施均不能满足环境要求时，可采用局部声学技术来降噪，如吸声处理、隔声、消声、隔振、阻尼减振等。这要对噪声传播的具体情况进行分析后，综合应用这些措施，才能达到预期效果。

（3）接受者的防护。在某些特殊条件下，采取以上两种措施限于技术上或经济上的原因而不可能或不合理时，便采取接受者防护这种被动的办法，即佩戴护耳器，如耳塞、耳罩或头盔等，或采取轮班作业，缩短在高噪声环境中的工作时间。

6. 噪声的控制技术及装置

（1）吸声技术。声源发出的声波遇到顶棚、地面、墙面及其他物体表面时，会发生声波的反射。声波在室内多次反射形成叠加声波，称为混响声。特别在无装饰的大厅和大车间内，混响声的存在使室内任何声源的噪声级比室外旷野的噪声级明显提高。如果在墙上或顶棚上饰以吸声材料、吸声结构，或在空间悬挂吸声板、吸声体，混响声就会被吸收掉，室内的噪声级也就相应地降低。这种控制噪声的方法称做吸声降噪。吸声的指标是吸声系数，表示被材料吸收的声能与入射声能的比值。上述吸声技术除了可用于车间、办公室等室内以外，还可用在机器隔声罩、空调风道和阻性消声器之中。具体的吸声技术主要有吸声材料吸声、共振吸声、微穿孔板吸声。下面介绍这三种吸声方式及吸声降噪措施的应用范围。

1）多孔吸声材料及其制品。多孔材料通常是主要的吸声材料。表3-5分类列出了常用吸声材料及其用途。

在工程上，平均吸声系数α值（即对125、250、500、1000、2000、4000Hz六种频率的吸声系数的算术平均值）大于0.2的材料才能称为吸声材料。吸声材料的吸声系数与频率有关。表3-6列出在这六种频率下常用的多孔材料正入射吸声系数α_0。

表3-5　　多孔吸声材料基本类型

主要种类		常用材料举例	使用情况
纤维材料	有机纤维材料	动物纤维：毛毡	价格昂贵使用较少
		植物纤维：麻绒、海草、椰子丝	防火、防潮性差，原料来源丰富，价格便宜
	无机纤维材料	玻璃纤维：中粗棉、超细棉、玻璃棉毡	吸声性能好，保温隔热，不自燃，防潮防腐，应用广泛
		矿渣棉：散棉、矿棉毡	吸声性能好，松散的散棉易因自重下沉，施工扎手
	纤维材料制品	软质木纤维板、矿棉吸声板、玻璃棉 吸声板、木丝板、甘蔗板等	装配式施工，多用于室内吸声装饰工程

续表

主要种类		常用材料举例	使用情况
颗粒材料	砌块	矿渣吸声砖、膨胀珍珠岩吸声砖、陶土吸声砖	多用于砌筑截面较大的消声器
	板材	珍珠岩吸声装饰板	质轻、不燃、保温、隔热、强度偏低
泡沫材料	泡沫塑料	聚氨酯泡沫塑料、脲醛泡沫塑料	吸声性能不稳定，吸声系数在使用前需实测
	其他	泡沫玻璃	强度高、防水、不燃、耐腐蚀，但价格昂贵，使用较少
		加气混凝土	微孔不贯通，使用较少

表 3-6　　多孔材料的吸声系数 α_0

材料名称	厚度（cm）	容重（kg/m^3）	频率（Hz）					
			125	250	500	1000	2000	4000
超细玻璃棉（棉径 4μm）	2	20	0.04	0.08	0.29	0.66	0.66	0.66
	4	20	0.05	0.12	0.48	0.88	0.72	0.66
	5	15	0.05	0.24	0.72	0.97	0.90	0.98
	10	15	0.11	0.85	0.88	0.83	0.93	0.97
矿渣棉	5	175	0.25	0.33	0.70	0.76	0.89	0.97
甘蔗纤维板	1.5	220	0.06	0.19	0.42	0.42	0.47	0.58
	2	220	0.09	0.19	0.26	0.37	0.23	0.21
工业毛毡	1	370	0.04	0.07	0.21	0.50	0.52	0.57
	3	370	0.10	0.28	0.55	0.60	0.60	0.59
	5	370	0.11	0.30	0.50	0.50	0.50	0.52
	7	370	0.18	0.35	0.43	0.50	0.53	0.54
聚氨酯泡沫塑料	3	45	0.07	0.14	0.47	0.88	0.70	0.77
	5	45	0.15	0.35	0.84	0.68	0.82	0.82
	8	45	0.20	0.40	0.95	0.90	0.98	0.85

多孔吸声材料利用材料内部松软多孔的特性来吸收一部分声能。当声波进入多孔材料的空隙后，能引起空隙中的空气和材料的细小纤维发生振动，由于空气与孔壁的摩擦阻力、空气的黏滞阻力和热传导等作用，相当一部分声能就会转变成为热能而耗散掉，从而起着吸收声能的作用。

多孔吸声材料对于中高频声波有很大的吸收作用。使用时要加护面板或织物封套，并有一定的厚度，如 3～5cm，用于低频吸声时最好为 5～10cm，同时，还要有一定的容重，不能太松或太实，这样才有吸声作用。但它对低频吸声性能较差。在实际应用时，若把多孔吸声材料布置在刚性壁一定的距离处，即在材料背面留有一定深度的空腔，相当于增大了材料的有效厚度，可以改善低频声的吸收效果。一般说来，多孔吸声材料受潮后吸声性能下降。在工程上，常把多孔吸声材料做成各种吸声制品或结构，常见的有有护面的多孔材料吸声结构、空间吸声体、吸声尖劈等。

2）共振吸声结构。共振吸声结构是利用共振原理做成的各种吸声结构，用于对低频声波的吸收。最常用的共振吸声结构可分为单个共振式结构（包括薄膜、薄板共振吸声结构）、穿孔板吸声结构和微穿孔吸声结构。

薄板共振原理为将薄的金属板、胶合板、塑料板甚至纸质板材的周边固定在框架上，背后设置一定的空气层，就构成薄板共振吸声结构。其中，薄板相当于质量，空气层相当于弹簧。当声波入射到板面时，迫使板产生振动，引起薄板和空气层这一系统的振动，将一部分振动能转变为热能消耗掉。特别是当入射声波的频率与板结构系统的固有频率一致时产生共振，此时的吸声系数最大。该吸声结构的共振频率一般在80～300Hz之间，属低频吸声。表3-7列出了常用薄板共振结构的吸声系数。

表 3-7　常用薄板共振吸声结构的吸声系数

材料与构造	频率（Hz）					
	125	250	500	1000	2000	4000
三合板，空气层厚度5cm，木龙骨间距45cm×45cm	0.21	0.73	0.21	0.19	0.08	0.12
五合板，空气层厚5cm，木龙骨间距45cm×45cm	0.08	0.52	0.17	0.06	0.10	0.12
三合板，空气层厚10cm，木龙骨间距45cm×45cm	0.59	0.38	0.18	0.05	0.04	0.08
草纸板，板厚2cm，空气层厚5cm，木龙骨间距45cm×45cm	0.15	0.49	0.41	0.48	0.51	0.64
草纸板，空气层厚10cm，木龙骨间距45cm×45cm	0.50	0.48	0.34	0.32	0.49	0.60
木丝板，板厚3cm，木龙骨间距45cm×45cm	0.15	0.49	0.41	0.38	0.51	0.64
木丝板，空气层厚3cm，木龙骨间距45cm×45cm	0.05	0.30	0.81	0.63	0.70	0.91
刨花压轧板，板厚5cm，空气层厚5cm，木龙骨间距45cm×45cm	0.35	0.27	0.20	0.15	0.25	0.39

穿孔板共振吸声结构是在钢板、铝板或胶合板、塑料板、草纸板等薄板上穿以一定孔径和穿孔率的小孔，并在板后设置一定厚度的空腔构成。由于穿孔板上每个孔都有对应的空腔，可视为许多“亥姆霍兹”共振器的并联。当入射声波的频率和系统的共振频率一致时，就激起共振。此时，穿孔板孔颈处空气柱往复振动的速度、幅值达到最大值，摩擦和阻尼也最大，使声能变为热能最多，即吸声系数最高。

3）微穿孔板吸声结构。微穿孔板吸声结构是由板厚和孔径均在1mm以下、穿孔率为1%～3%金属微穿孔板和空腔组成的复合结构。由于微穿孔板的孔细而密，与普通穿孔板相比具有声质量小、声阻大的特点，因而吸声系数和吸声频带宽度都比穿孔板吸声结构好得多，板后腔深可以控制吸声峰的位置，深度越大，共振频率越低。在实际应用中，常使用两层不同穿孔率的微穿孔板，做成前后两个不同深度的空腔（一般前腔深 $h_1=80mm$，后腔深 $h_2=120mm$）。双层微穿孔板吸声结构具有宽频带高吸收的特点。微穿孔板吸声结构特别适用于高温、潮湿以及有冲击和腐蚀的环境。

4）吸声降噪措施的应用范围。吸声技术对从声源来的直达声不起作用，仅仅减弱反射声强度，也就是降低室内由反射声形成的混响声场的强度。由于一般的室内混响声是在直达声基础上增加4～12dB，吸声措施的降噪量一般在6～10dB。要想获得更好的降噪效果，困难会大幅增加，从经济方面考虑，很不合算。在离声源很近的以直达声为主的区域和自由场一般不采用吸声降噪措施。吸声降噪技术常用于下列场合：①在混响严重的大房间中宜采用吸声降噪技术，要注意其吸声面积的大小。实践经验证明，当房间容积小于 3000m³ 时，采用吸声饰面降低噪声的效果较好。②当房间内壁面平均吸声系数较小时，比如，壁面由坚硬而光滑的混凝土（吸声系数较低）构成，采用吸声降噪措施能收到良好效果。③在噪声源多且分散的室内，当对每一噪声源都采取噪声控制措施（如隔声罩等）有困难时，可以将吸声措施和隔声屏配合使用，会收到良好的降噪效果。

（2）隔声技术。

1）隔声的基本原理和隔声量。隔声是噪声控制工程中常用的一种降噪技术措施，它利用墙体、各种板材及构件作为屏蔽物或利用维护结构把噪声控制在一定的范围之内，使噪声在空气中的传播受阻而不能顺利通过，从而达到降低噪声的目的。

2）单层密实均匀构件的隔声性能。此类构件的隔声材料要求密实而厚重，如砖墙、钢筋混凝土、钢板、木板等都是较理想的隔声构件，它们的隔声性能与材料的刚性、阻尼、面密度相关。表 3-8 列出了单层密实均匀构件的隔量。

表 3-8　单层密实均匀构件的隔声量　(dB)

类别	结构	中心频率					
		125	250	500	1000	2000	4000
砖墙	1/4 砖墙	26	30	30	34	41	40
	1/2 砖墙	33	37	38	46	52	53
	1 砖墙	40	45	40	53	54	54
木板	9mm 木板，三夹板	12	17	22	25	26	20
玻璃板	6mm	20	24	29	33	25	30
	9mm	20	26	30	30	32	39
钢板	3mm	22	28	34	40	45	32
	6mm	28	34	40	45	37	42
铝板	3mm	14	19	25	31	36	29
	6mm	19	25	30	36	30	32

3）双层结构的隔声性能。双层结构是指两个单层结构中夹有一定厚度的空气或多孔材料的复合结构。双层结构的隔声效果要比同样质量的单层结构好，这是因为中间的空气层（或填有多孔材料的空气层）对第一层结构的振动具有弹性缓冲作用和吸收作用，使声能得到一定的衰减后再传到第二层，能突破质量定律的限制，提高整体的隔声量。双层结构一般可比同样质量的单层结构的隔声量高 5～8dB。

双层结构的隔声量与空气层厚度有关，厚度增加，隔声量也增加。实际工程中一般取空气层厚度为 8～10cm。双层间若有刚性连接，则会存在“声桥”，使前一层的部分声能通过声桥直接传给后一层，从而会显著降低隔声量。因此要求双层结构边缘与基础之间为弹性连接，空气层填有多孔材料。

4）隔声罩和隔声间。对体积较小的噪声源（小设备或设备的某些噪声部件），直接用隔声结构罩起来，可以获得显著的降噪效果，这就是隔声罩，是目前控制机械噪声的重要方法之一。隔声罩由板状隔声构件组成，一般用厚 1.5～3mm 的钢板为面板，用穿孔率大于

20%的穿孔板作内壁板（面向噪声源），中间填充用纤维布等包裹的多孔吸声材料。这种单层隔声构件的隔声量主要取决于外层面板的面密度，吸声材料的作用是减少罩内的混响声提高罩的隔声性能。

当一个车间内有很多分散的噪声源时，可考虑建立一个小空间使之与噪声源隔离开来，这就是隔声间，它还可以作为操作控制室或休息室。隔声间的隔声原理与隔声罩相同，只是变换了声源和受声点的相对位置。隔声间可用金属板或土木结构建造，并考虑通风、照明和温度的要求，特别是要采用特制的隔声门窗。

5）隔声屏。隔声屏是放在噪声源和受声点之间的用隔声结构所制成的一种隔声装置。合理设计声屏障的位置、高度、长度，可使接受点的噪声衰减 7～24dB。隔声屏的降噪效果与声波频率高低、屏障大小有关。由于低频声波波长长，绕射能力强，隔声屏对低频噪声的降噪效果较差。隔声屏具有灵活、方便可拆装的优点，可作为不易安装隔声罩时的补救措施。

隔声屏一般用砖、砌块、木板、钢板、塑料板、玻璃等厚重材料制成，面向声源的一侧最好加吸声材料。

（3）采用消声装置。许多机械设备的进、排气管道都会产生强烈的空气动力性噪声，而消声器是防治这种噪声的主要装置，既阻止声音向外传播，又允许气流通过，装在设备的气流通道上，可使该设备本身发出的噪声和管道中的空气动力噪声降低。

根据消声机理，消声器主要分为两大类，即阻性消声器和抗性消声器。在此两类消声器的基础上，综合各自的优点，发展了阻抗复合型消声器和微穿孔板消声器。

1）阻性消声器。阻性消声器是靠管的内壁上吸声材料吸收噪声能量的作用，使管内传播的噪声衰减，从而达到消声的目的。它具有结构简单和良好的吸收中高频噪声的优点。在实际工程中得到了广泛的应用。但不适合在高温、高湿的环境中使用，多用于风机的进排气消声。

2）抗性消声器。抗性消声器不直接吸收声能，而是借助于管道截面的突变或旁接共振腔的方法，使部分声波反射回去不再沿管道继续传播而达到消声目的。抗性消声器可分为共振式、扩张式、组合式、障板式等几种，适用于消除低中频噪声，构造简单、耐高温、耐气体腐蚀和冲击。其缺点是消声频带窄，对高频噪声消声效果较差。

3）阻抗复合消声器。由于阻性消声器对中高频有较好的消声效果，抗性消声器对中低频有良好的消声效果，把两者结合起来组成阻抗复合消声器，便可获得在宽阔的频率范围内的良好的消声效果。

4）微穿孔板消声器。用金属微穿孔板通过适当的组合做成的微穿孔板消声器，具有阻性和共振消声器的特点，在很宽阔的频率范围内具有良好的消声效果。微穿孔板消声器大多用薄金属板材制作，特点是阻力损失小，再生噪音低，耐高温、耐潮湿、耐腐蚀，适用于高速气流的场合（最大流速可达 80m/s），遇有粉尘、油污也易于清洗。因此，它被广泛应用于大型燃气轮机和内燃机的进排气管道、柴油机的排气管道、通风空调系统、高温高压蒸汽放空口等处。

（4）噪声主动控制。前面介绍的种种噪声控制方法都属于被动控制，它们在较高的频段才起主要作用，在低频段往往花费很大，但效果不明显。在最近十余年内，特别随着信号处理技术的发展，噪声主动控制已逐渐成为一种可实施的技术，它在低频控制方面具有独特的优越性，已成为当今低频噪声控制领域中的热门技术。

噪声主动控制的原理非常简单，它是根据声波相消干涉的原理。具体实施时，先探测人们所不需要的一次声场，通过信号分析和一系列运算处理后，推动激励器（如喇叭）产生与一次声场幅值相等，相位相反的二次声场去抵消一次声场，达到消声或吸声的目的。

利用主动控制技术可以设计出低频吸声性能良好的主动吸声结构，也可以利用主动控制原理对振动面施加二次力，减少振动面的振级，或改变振动面的振动模态，从而降低振动面的辐射噪声，这就是对结构噪声的主动控制。总之，在噪声主动控制领域内还有许多值得研究的课题。

（5）振动防治技术。振动是指一个物体在其平衡位置附近作一种周期性的往复运动，任何一种机械都会产生振动。引起机械振动的原因是旋转或往复运动部件的不平衡、磁力不平衡和部件的互相碰撞等三个方面。

振动和噪声有着十分密切的联系。声波就是由发声物体的振动产生的。当振动的频率在20～20000Hz的频率范围内时，振动源同时也是噪声源。当振源直接与空气接触，形成声波的辐射，称为空气声。若振源的振动以弹性波的形式在固体中传播，并在与空气接触的界面处再引起声辐射，称为固体声，也可称为结构噪声。因此，隔绝振动在固体构件的传递，改变固体界面声辐射效率都有利于控制噪声（前者称为隔振，后者称为阻尼）。所以降噪问题实质上也是一个减振的问题。这样，振动控制和噪声控制就密切相关了。

1）振动的危害和对环境的污染。振动对环境的污染，首先是振动会引起强烈的空气噪声，如冲床、锻床工作时不仅产生强烈的地面振动，而且产生很大的撞击噪声，可高达100dB（A）以上；其次，振动引起的结构噪声。机器振动通过基础、楼板、墙壁，可以迅速传递到很远处，造成较大范围内的振动和噪声的环境污染。

振动对设备、建筑物会产生很多不良后果。当振动作用于仪器和设备，会影响仪器设备的精度、功能和正常的使用寿命，严重时还会直接损坏仪器设备；振动作用于建筑物，会使建筑物发生开裂、变形，当振级超过140dB时，有可能使建筑物倒塌；飞机的发动机和机翼的异常振动，还会造成严重的飞行事故。

振动对人体的影响，会对人的身心健康产生伤害。例如，长期使用振动工具，会产生手部职业病，使手指端间断性发白、发紫、发抖、麻木发烧等，称之为雷诺式症状。当振动的频率接近人体某一器官的固有频率时，还会引起共振，对该器官产生严重影响和危害。例如，人的胸腔和腹腔系统对频率4～8Hz的振动有明显的共振效应。因此，人体若承受频率4～8Hz的振动将会受到严重的损伤。

所以，振动也是环境物理污染的因素之一。振动的控制不仅是防治噪声的重要方法，也是减少振动的不利影响和危害的必不可少的措施。

2）振动控制技术。控制振动和控制噪声一样，可以从振源、传播途径和接受体三方面着手。振源控制主要是减弱或消除其振动或振动运动；传播途径控制可通过隔振、阻尼等方法减弱振动到接受体的传播；接受体的控制也是通过接受体系统参数的改变（加强筋、阻尼等）来减弱接受体处振动强度或降低接受体对振动的敏感程度。概括起来，振动控制的方法有三类：振源振动控制；隔振；阻尼减振。

①振源振动控制法是减少和消除振动源振级，这是最彻底最有效的方法。首先是减少机器扰动，如通过改造机械的结构，改善机器的平衡性能；提高设备制造精度，减少振动结构

的装配公差；改变干扰力方向等。其次是控制共振。可以通过改变机械结构的固有频率，改变机器转速来避免共振；或将振源安装在非刚性的基础上，管道和传动轴采用隔离固定，在仪表柜等薄壳体上采用阻尼减振技术等，可大大减少共振的影响。

②隔振是利用弹性波在物体间的传播规律，在振源和需要防振的设备之间安装隔振装置，使振源产生的大部分振动能量为隔振装置所吸收，减少了振源对设备的干扰，从而达到减少振动的目的。

隔振装置可分为两大类：隔振器和隔振垫。隔振器是专门设计制造的、具有确定的形状和稳定的性能的弹性元件，使用时可作为机械零件进行装配。常用的有金属弹簧隔振器、橡胶隔振器、钢丝绳隔振器和空气弹簧隔振器等；隔振垫是利用弹性材料本身的自然特性，一般没有确定的形状尺寸，可根据实际需要来拼排或裁剪。常见的有软木、毛毡、泡沫塑料、玻璃纤维隔振垫和橡胶隔振垫等。

③阻尼减振是将振动能量转换成为热能耗散掉，以此来抑制结构振动，达到降低噪声的目的。

阻尼减振主要是通过减弱金属板弯曲振动的强度来实现的。在金属薄板上涂敷一层阻尼材料，并引起薄板和阻尼材料之间以及阻尼材料内部的摩擦。由于阻尼材料内损耗、内摩擦大，使得相当一部分的金属振动能量被损耗而变成热能，减弱了薄板的弯曲振动，并能缩短薄板被激振后的振动时间，从而降低了金属板辐射噪声的能量。阻尼材料通常是指沥青、软橡胶和各种高分子涂料。

上面这些振动控制技术在振动控制过程中没有消耗能量的作动机构，称为被动（无源）控制。近些年来发展了振动的主动（有源）控制技术。这种控制需要消耗能量并产生控制力的作动机构。

二、电磁辐射污染及防护

1. 电磁辐射污染定义

电磁辐射污染是指各种天然的和人为的电磁波干扰和对人体有害的电磁辐射。电磁波是电场和磁场周期变化产生波动通过空间传播的一种能量，也称做电磁辐射。利用这种辐射可以造福人类，如无线通信、广播电视信号的发射以及在工业、科研、医疗系统中的应用。但是，电磁波又同时给环境带来了不利的影响，起着“电子烟雾”的作用。在环境保护研究中认定，当射频电磁场达到足够强度时，会对人体机能产生一定的破坏作用。因此，涉及各行各业的电磁辐射已经成为一种新的污染形式。

2. 电磁辐射污染的传播途径

电磁辐射污染所造成的环境污染，主要通过三个途径进行传播：

（1）空间辐射。当电子设备或电气装置在工作时，相当于一个多向发射天线不断地向空间辐射电磁能量。这些发射出来的电磁能，在距场源不同距离的范围内以不同的方式传播并作用于受体。近场区（距场源一个波长范围内）传播的电磁能是以电磁感应的方式作用于受体，如可使日光灯自动发光；在远场区（距场源一个波长范围之外），电磁能是以空间放射的方式传播并作用于受体。

（2）导线传播。当射频设备与其他设备共用一个电源时，或它们之间由电气连接时，通过电磁耦合，电磁能便通过导线传播；另一种情况是，信号的输出输入电路和控制电路也会在强电磁场中“拾取”信号，并将所拾取的信号进行再传播。

（3）复合传播。当空间辐射和导线传播所造成的电磁辐射污染同时存在时称为复合传播。

3. 电磁辐射的危害

电磁辐射污染是一种能量流污染，看不见，摸不着，但却实实在在存在着。它不仅直接危害人类健康，还不断地“滋生”电磁辐射干扰事端，进而威胁人类生命。

（1）恶劣的电磁环境严重干扰航空导航、水上通信、天文观测等。

（2）损害人体的健康。使人体组织温度升高，导致身体发生机能性障碍和功能紊乱；增加癌症发病率；伤害眼睛；影响生殖功能；影响遗传基因；损害中枢神经；引起心血管疾病等。

4. 电磁辐射的来源

电磁污染主要来源于两大类辐射，一类是天然电磁辐射，如雷电、火山喷发、地震和太阳黑子活动引起的次爆等；另一类人工电磁辐射，主要是微波设备产生的辐射，特别是近年来飞速发展的通信设备。

人工电磁辐射源主要有：移动电话、对讲机、电磁灶、微波炉、电冰箱、彩电、电褥子、吸尘器、计算机、空调等。

5. 电磁辐射的防护

电磁辐射污染的防护须采取综合防治的方法，才能取得更好的效果。首先是减少电磁泄漏，这是解决污染源的问题。其次是通过合理的工业布局，使电磁污染源远离居民稠密区，尽量减少遭受污染伤害的可能。对于已经进入到环境中的电磁辐射，采取一定的技术防护手段（包括个人防护），以减少对人及环境的危害。具体的防护方法如下：

（1）区域控制与绿化。区域控制大体分为四类：自然干净区、轻度污染区、广播辐射区和工业干扰区。依据这样的区域划分标准，合理进行城市、工业等布局，可以减少电磁辐射对环境的污染。同时，由于绿色植物对电磁辐射能具有较好的吸收作用，因此，加强绿化是防治电磁污染的有效措施之一。

（2）屏蔽防护。

1）屏蔽防护的基本原理。采用某种能抑制电磁辐射能扩散的材料——屏蔽材料将电磁场源与其环境隔离开来，使辐射能被限制在某一范围内，达到防止电磁污染的目的。这种技术称做屏蔽防护。

当电磁辐射作用于屏蔽体时，因电磁感应，屏蔽体产生与场源电流方向相反的感应电流而生成反向磁力线，可以与场源磁力线相抵消，达到屏蔽效果。若使屏蔽体接地，还可达到对电场的屏蔽。

2）屏蔽的分类。根据场源与屏蔽体的相对位置，屏蔽方式分为两类：主动场屏蔽和被动场屏蔽（无源场屏蔽）。被动场屏蔽是将场源放置于屏蔽体之外，使场源对限定范围内的生物体及仪器设备不产生影响。其特点是屏蔽体与场源间距大，屏蔽体可以不接地。

3）屏蔽材料和结构。屏蔽用材料可选用铜、铁、铝，涂有导电涂料或金属镀层的绝缘材料。电场屏蔽选用铜材为好，磁场屏蔽选用铁材。

屏蔽体的结构形式有板结构和网结构两种，网结构的屏蔽效率一般高于板结构。对于板结构，在高频段，由于趋肤效应，厚度不需过多增加也能获得良好的屏蔽效果。对于网结构，网孔大小（目数）的选择要根据电磁场性质及频段决定。对中短波，目数要大些（即网孔小），尤其对磁场屏蔽，要求目数越大越好。网层数的选择，双层金属网的屏蔽效果一般大于单层网。当网与网的间距在 5～10cm 时，双层的衰减量约为单层的两倍。

总的要求是要保证整个屏蔽体的整体性，对壳体上的孔洞、缝隙要进行屏蔽处理，用焊接、弹簧片接触、蒙金属网等方法实现。屏蔽体的几何形状最好为圆柱形结构，以避免产生尖端效应。

（3）接地防护。将辐射源的屏蔽部分或屏蔽体通过感应产生的高频电流导入大地，以免屏蔽体本身再成为二次辐射源。高频设备进行屏蔽体接地处理时，由于高频电流的集肤效应，它的接地要求与普通电气设备安全接地不同。接地线的表面积应大些，一般多选用宽 10cm、厚 0.15cm 的扁铜带；接地线的长度力求缩短，最好小于波长的 1/20，以降低接地的高频阻抗。接地极多采用面积约 $1m^2$、有一定厚度的铜板，埋于地下 1.5～2m 深的土壤中。

接地保护的效果与接地极的电阻值有关，接地极的电阻越低，其导电效果越好。

（4）吸收防护。采用对某种辐射能量具有强烈吸收作用的材料，敷设于场源外围，使辐射场强度大幅度衰减下来，达到防护目的。吸收防护主要用于微波防护。

常用的吸收材料有谐振型吸收材料和匹配型吸收材料。前者是利用某些材料的谐振特性做成的吸收材料，特点是材料厚度小，只对频率范围很窄的微波辐射具有良好的吸收率。后者利用某些材料和自由空间的阻抗匹配特性来吸收微波辐射能（又称吸波材料），其特点是适用于吸收频率范围很宽的微波辐射。实际应用的吸波材料可用塑料、胶木、橡胶、陶瓷等材料中加入铁粉、石墨、木材和水等做成，如泡沫吸收材料、涂层吸收材料和塑料板吸收材料等。

（5）个人防护。个人防护的对象是个体的微波作业人员。当工作需要，操作人员必须进入微波辐射源的近场区作业时，或因某些原因不能对辐射源采取有效的屏蔽或吸收等措施时，必须采用个人防护措施以保护作业人员的安全。

个人防护措施主要有穿防护服，戴防护头盔和防护眼镜等。这些个人防护装备同样也应用了屏蔽、吸收等原理，用相应的材料做成的。如表 3-9 所示，给出了不同设备防护措施的方案，可供参考。

表 3-9　　不同设备防护措施方案一览表

分类	射频波谱							
	长波	中波	中短波	短波	超短波	分米波	厘米波	毫米波
波长	＞3000m	3000～200m	200～50m	50～10m	10～1m	1～0.1m	10～1cm	1cm～1mm
频率	＜100 kHz	3 MHz	6 MHz	6～30 MHz	30～300 MHz	300～3000 MHz	3000～30000 MHz	30000 MHz 以上
射频技术应用	感应加热、无线电通信、广播物理治疗、介质加热			无线电广播电视、无线电通信、医用		无线电定位、导航、天文、气象、通信		
辐射场源	高频变压器、馈电线、感应器或工作容器			馈线、天线、振荡回路、工作电路		天线、辐射体		

续表

<table>
<tr><th rowspan="2">分　类</th><th colspan="8">射　频　波　谱</th></tr>
<tr><th>长波</th><th>中波</th><th>中短波</th><th>短波</th><th>超短波</th><th>分米波</th><th>厘米波</th><th>毫米波</th></tr>
<tr><td>度量单位</td><td colspan="3">电场强度 E（V/m）
磁场强度 H（A/m）</td><td colspan="2">电场强度 E（V/m）
磁场强度 H（A/m）</td><td colspan="3">能量通量密度（单位：μV/cm，μW/cm）</td></tr>
<tr><td>参考标准</td><td colspan="3">E=20V/m；　H=5A/m</td><td colspan="2">E=20V/m；
H=5A/m</td><td colspan="3">≤50μW/cm</td></tr>
<tr><td>防护方案</td><td colspan="3">屏蔽、远距离控制、屏蔽室</td><td colspan="2">屏蔽、远距离控制、屏蔽室</td><td colspan="3">屏蔽室、波能吸收装置、吸收、屏蔽-吸收、远距离控制与自动化、个体防护</td></tr>
</table>

三、放射性污染及防护

1. 辐射源

放射性分为天然放射性和人工放射性，因此，就具有两种辐射源：天然辐射源和人工辐射源。

（1）天然辐射源。天然辐射源是自然界中天然存在的辐射源，人和其他生物体受到天然辐射源的照射（天然本底辐射）可分为外照射和内照射。外照射主要来自宇宙射线以及地面上天然放射性核素发射的 γ 和 β 射线对人体的外部照射，内照射则是通过呼吸道和消化道进入体内，以及人体组织内本身存在的天然放射性核素造成的辐射。天然辐射源所产生的总辐射水平称为天然放射性本底，它是判断环境是否受到放射性污染的基本标准。

环境中天然辐射本底主要由宇宙射线、宇生放射性核素和原生放射性核素发射的辐射这三部分组成。

1）宇宙射线主要来源于地球以外的外层空间。由外层空间射到地球大气层的高能粒子称为初级宇宙射线，主要由高能质子组成，具有极大的动能；这些粒子与大气中的氧、氮原子核产生了次级宇宙射线粒子。

2）宇生放射性核素是高能初级宇宙射线与大气的原子核发生核反应时产生的放射性核素，种类不少，但在空气中的含量很低，对环境辐射的实际贡献不大。

3）原生放射性核素是从地球形成开始，迄今为止还存在于地壳中的那些放射性核素，其中最主要的有铀、钍核素以及钾、碳和氚等。

（2）人工辐射源。人工辐射源是指由生产、研究和使用放射性物质的单位所放出的放射性废物和核武器试验所产生的放射性物质，是对环境造成放射性污染的主要来源。主要包括核爆炸的沉降物、核工业过程的排泄物、医疗照射的射线以及某些用于控制、分析、测试的设备使用了的放射性物质。

2. 放射性污染形式

（1）对大气的污染。放射性物质进入大气后，对人产生的辐射伤害通常有三种方式。

1）浸没照射：人体浸没在有放射性污染的空气中，全身的皮肤会受到外照射。

2）吸入照射：吸入有放射性的气体，会使全身或甲状腺、肺等器官受到内照射。

3）沉降照射：指沉积在地面的放射性物质对人产生的照射。如放射性物质放出的 γ 射线的外照射或通过食物链而转移到人体内产生的内照射。沉降照射的剂量一般比浸没照射和吸入照射的剂量小，但有害作用持续时间长。

（2）对水体的污染。核试验的沉降物会造成全球地表水的放射性物质含量提高。核企业排放的放射性废水，以及冲刷放射性污染物的用水，容易造成附近水域的放射性污染。地下水受到放射性污染的主要途径有：放射性废水直接注入地下含水层、放射性废水排往地面渗透池、放射性废物埋入地下等。地下水中的放射性物质也可以迁移和扩散到地表水中，造成地表水的污染。放射性物质污染了地表水和地下水，影响饮水水质，并且污染水生生物和土壤，又通过食物链对人产生内照射。

（3）对土壤的污染。放射性物质可以通过多种途径污染土壤。如放射性废水排放到地面上，放射性固体废物埋藏到地下，核企业发生的放射性排放事故等，都会造成局部地区土壤的严重污染。

3. 放射性污染预防和处理

（1）核电站（包括其他核企业）一般应选址在周围人口密度较低，气象和水文条件有利于废水和废气扩散稀释，以及地震强度较低的地区，以保证在正常运行和出现事故时，居民所受的辐射剂量最低。

（2）工艺流程的选择和设备选型要考虑废物产生量和运行安全。

（3）废气和废水须作净化处理，并严格控制放射性元素的排放浓度和排放量。含有 α 射线的废物和放射强度大的废物要进行最终处置和永久贮存。

（4）在核企业周围和可能遭受放射性污染的地区建立监测机构。

四、光污染及防护

1. 光污染的含义

人类活动造成的过量光辐射对人类生活和生产环境形成不良影响的现象称为光污染。

光对人类的居住环境、生产和生活至关重要。但超量光辐射的生物效应，包括热效应、电离效应和光化学效应，均对人体特别是眼部和皮肤产生不良的影响。科学上认为，光污染是伴随着工业和城市发展所带来的一种新污染形式，即紫外光（UVR）污染、可见光污染和红外光（IR）污染。

2. 光污染性质以及危害

（1）可见光污染。可见光污染比较常见的是眩光，例如，汽车夜间行驶时照明用的车头灯，工厂车间里不合理的照明布置，会使人的视觉瞬间下降。核爆炸时产生的强闪光，可使几公里范围内的人的眼睛受到伤害。电焊时产生的强光，如果没有适当的防护措施，也会伤害人的眼睛。长期在强光条件下工作的人（如冶炼、熔烧、吹玻璃等），也会由于强光而使眼睛受到伤害。随着城市建设的发展，太阳光的反射造成的污染日趋严重。在城市，特别是大城市里，高大建筑物的玻璃幕墙，会产生很强的镜面反射。玻璃幕墙的光反射效应在光线强烈的夏季特别显著，它会使局部地区的气温升高，强烈的反射光使人头昏目眩，双眼难睁，不仅影响人们的正常工作和休息，而且会影响街道上的车辆行驶及行人的安全。

（2）红外光污染。红外线是一种热辐射，对人体可造成高温伤害。较强的红外线可造成皮肤伤害，其情况与烫伤相似。最初是灼痛，然后是造成烫伤。波长为 7500～13000Å 的红外线，对眼角膜的透过率很高，可造成视网膜的伤害。波长 19000Å 以上的红外线几乎全部被眼角膜吸收，会造成眼角膜烧伤。人眼如果长期暴露在红外线下可能引起白内障。

（3）紫外光污染。紫外线主要来自于太阳辐射、电弧和气体放电。其中波长为 2500～

3200Å 的紫外光对人具有伤害作用，轻者引起红斑效应，重者的主要伤害表现为角膜损伤、皮肤癌、眼部烧灼等。当紫外线作用于排入大气的污染物 NO_x 和碳氢化合物等时，会发生化学反应形成有毒的光化学烟雾。此外，核爆炸、电弧等发出的强光辐射也是一种严重的光污染形式。

3. 光污染防护

光污染的防护主要有以下几个方面：

(1) 加强城市规划和管理，加强对玻璃幕墙和其他反光系数大的装饰材料的管理，减少其对城市环境的负面影响；改善工厂的照明条件，减少光污染来源。

(2) 对有红外线和紫外线污染的场所采取必要的安全防护措施。

(3) 采用个人防护措施，主要是戴防护眼镜和防护面罩。光污染的防护镜一般有反射型防护镜、吸收型防护镜、反射-吸收型防护镜、爆炸型防护镜、光化学反应型防护镜、光电型防护镜、变色微晶玻璃型防护镜等类型。

五、热污染及防护

1. 热污染的含义

在能源消耗和能量转换过程中有大量的化学物质（如 CO_2 等）及热蒸汽排入环境，使局部环境或全球环境发生增温，并可能对人类和生态系统产生直接或间接、即时或潜在的危害，这种现象称之为“热污染”或“环境热污染”。

2. 热污染的成因

(1) 热直接向环境，特别是向水体排放。冶金、发电、化工和其他工业生产通过燃料燃烧和化学反应等过程产生的热量，一部分转化为产品形式，一部分以废热形式直接排入环境。转化为产品形式的热量，在消费过程中最终也要通过不同的途径释放到环境中（如加热、燃烧等方式）。而且各种生产和生活过程排放的废热大部分转入到水中，使水升温。这些温度较高的水排入水体，形成对水体的热污染。例如，电力工业排放的温热水就是热污染的一种形式。

(2) 大气组成的改变。人类的生产和生活活动向大气大量排放温室气体，引起大气增温；同时，消耗臭氧层物质的排放，破坏了大气臭氧层，导致太阳辐射的增强。

(3) 地表状态的改变。地表状态的变化改变了地面的反射率，影响了地表和大气间的换热等，如城市中的热岛效应。另外，由于农牧业的发展，使森林变为农田、草场，很多地区更由于开垦不当而形成沙漠，这样就大面积地改变了地面反射率，改变了环境的热平衡，形成热污染。

3. 热污染的危害

热污染主要表现在对全球性的或区域性的自然环境平衡的影响，使热平衡遭到破坏。目前尚不能定量地指出热污染所造成的环境破坏和长远影响，但已可证实由于热污染使大气和水体产生了增温效应，对生物界产生危害。

(1) 大气热污染。向大气排放含热废气和蒸汽，导致大气温度升高而影响气象条件时，称为大气热污染。大气热污染会给人类带来各种不良的影响，如城市热岛效应的存在，会加重工业区或城镇的环境污染；局部大气升温也将影响大气循环过程，容易形成干旱等自然灾害。

(2) 水体热污染。向水体中排放含热废水、冷却水，导致水体局部范围内水温升高，使水质恶化，影响水生物圈和人类的生产、生活活动时，称为水体热污染。主要表现为：水温上升，黏度下降，水中的溶解氧减少；水体的生物化学反应加快，水中原有的氰化物、重金属离子等污染物的毒性增加；引起藻类及水草的大量生长；水体条件的恶化，影响了鱼类等生物的生存。

4. 热污染的防治

（1）改进热能利用技术，提高热能利用率，减少热量的排出。

（2）开发和利用无污染或少污染的新能源，如太阳能、风能、海洋能及地热能等。

（3）植树造林，扩大绿化面积。

（4）减少温室气体的排放，采用合理的方式储存 CO_2 等温室气体。如 CO_2 温室气体储存在海下和废旧油气井中等。

另外，人类对于热污染的研究还处于初级阶段，随着新技术、新材料的应用，将会出现很多更为先进的控制方法。

六、其他污染形式简介

1. 风污染

风速高于 3 级（即 5m/s），就会给人类的许多活动带来不便。大风是真正的威胁，因为大风施加的压力与风速的平方成正比。在一幢建筑物转角处的风速突然翻一番，意味着行人受到的风压将翻两番，如经不住这种风向变化及风压，常被大风刮倒。建筑物表面的风速随高度而增加，一幢高大的建筑物，靠近顶处的风速要比别处大的多，这些高速风被建筑物偏转成不同的方向。当风从直角方向吹到高层建筑物的表面时，气流在建筑物高度 3/4 处（称为滞点）分散开来，一些气流加速到达建筑物的顶部，其余气流则向下偏转和绕到两边去。正是这种高速风的向下折射，使逆风气涡增大，凶猛的涡流在接近地面街道时进一步增大，产生了逆转的阵风，这一风带常常处在人行道上，扬起漫天灰尘。如果高层建筑物下面有通道或走廊，那么风就会被吸进下风处的低压风带，这些通道或走廊里的风速会增加 2～3 倍，危害可想而知。

2. 悬浮物质污染

悬浮物质是指水中含有的不溶性物质，包括固体物质和泡沫塑料等。它们是由生活污水、垃圾和采矿、采石、建筑、食品加工、造纸等产生的废物排入水中或农田的水土流失所引起的。悬浮物质影响水体外观，妨碍水中植物的光合作用，减少氧气的溶入，对水生生物不利。

第四章 环境质量标准与环境监测

第一节 环境质量标准

环境标准是国家为了保护人民健康，促进生态良性循环，实现社会经济发展目标，根据国家的环境政策和法规，在综合考虑本国自然环境特征、社会经济条件和科学技术水平的基础上，规定环境中污染物的允许含量和污染源排放污染物的数量、浓度、时间和速率以及其他有关技术规范。

按照环境标准发布权限，环境标准分为国家环境标准、地方环境标准和国家环境保护总局标准（国家环保行业标准）。同时，为了适应不同区域的经济发展，环境标准分为强制性环境标准和推荐性环境标准。经过30多年的实践，我国初步建成以国家环境质量标准和国家污染物排放标准为主体，以环境监测方法标准、标准样品标准和基础标准相配套，以地方环境标准和环保行业标准为补充的环境标准体系（见图4-1）。

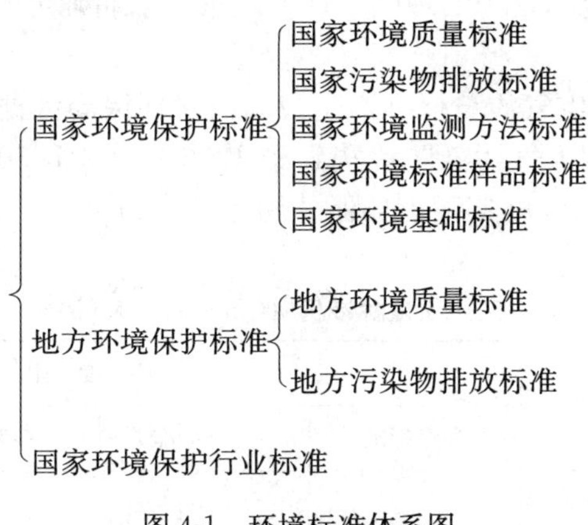

图4-1 环境标准体系图

环境质量标准是以保护人体健康、促进生态良性循环为目标而规定的，各类环境中有害物质或因素在一定时间和空间范围内的允许浓度或污染因素的允许水平。根据环境要素的特点，此类标准分为水、大气、土壤等环境质量标准。

一、制定原则

（1）保障人体健康和保护生态平衡是制定环境质量标准的首要原则。制定环境质量标准的目的就是为人类创造一个生活、工作的优良环境，使人的身体健康不受损害，整个生态系统免遭破坏。为此，首先通过毒理试验、流行病学研究和社会调查的方法，对环境中各种污染物的剂量或浓度进行综合研究，找出污染物对人体或生态不构成危害的最大剂量（无作用剂量）或浓度。在制定有关标准时，污染物浓度应低于该值。

（2）以符合国家的经济条件和技术水平为原则。"标准制定者的责任，就是在满足环境基准上与现实技术经济的可行性之间寻找最佳方案"。所以，标准的确定一定要符合国家技术的实际水平，过严与过宽都将失去它的实际意义。为此，需要进行经济益损分析，从而以最小的代价，获得较大的收益，达到环境效益、社会效益的统一。

（3）制定环境质量标准要求考虑地区差异和实际污染水平，因地制宜、切实可行。由于各地的自然环境、地形、地貌、气候条件不同；人群的构成、数量以及生态系统的结构、功能差异很大，使得各区域的环境自净力和环境容量具有很大的区别。虽然制定全国统一的标准是十分必要的，但是也要充分认识这一差距。要因地制宜地制定出各地区环境质量标准。地方标准可依据实际情况略高或略低于国家标准，如风景旅游区和自然保护区的标准应当较高；而对那些污染源集中、环境污染严重的城市或工业区，可根据实际污染水平制定近期标准、短期标准和远期标准，限期达到。

（4）环境质量标准有时间限制性。环境质量标准是为适应人类的需要而制定的，因此它不是“一劳永逸”长久不变的。环境质量标准制定之后会在实践中受到检验，不断地进行调整和修正，以达到更科学、更完美和更切合实际的目的。如我国的《地面水环境质量标准》首次发布为1983年，1988年做第一次修订，1999年7月又做了第二次修订，现行的《地表水环境质量标准》经第三次修订后于2002年6月1日起执行。

二、大气、水、土壤等环境质量标准

（1）环境空气质量标准。环境空气质量标准是在限定的时间内对环境空气中各种污染物的最高允许浓度给予的规定，是为实现国家环境政策要求而确定的环境质量目标，也是评价环境空气质量的依据。

GB 3095—1996《环境空气质量标准》是我国国家环保局依据《中华人民共和国环境保护法》和《中华人民共和国大气污染防治法》于1996年在GB 3095—82《环境空气质量标准》的基础上修订编制的，2000年国家环保总局环发［2000］1号文又对该标准做了局部修改（见表4-1）。

表4-1 **环境空气质量标准值**（GB 3095—1996）[④]

污染物名称	取值时间	浓度限值			
		一级标准	二级标准	三级标准	浓度单位
二氧化硫 SO_2	年平均 日平均 1小时平均	0.02 0.05 0.15	0.06 0.15 0.50	0.10 0.25 0.70	mg/m^3（标准状态）
总悬浮颗粒物TSP	年平均 日平均	0.08 0.12	0.20 0.30	0.30 0.50	
可吸入颗粒物PM_{10}	年平均 日平均	0.04 0.05	0.10 0.15	0.15 0.25	
二氧化氮 NO_2	年平均 日平均 1小时平均	0.04 0.08 0.12	0.08 1.12 0.24	0.08 0.12 0.24	
一氧化碳 CO	日平均 1小时平均	4.00 10.00	4.00 10.00	6.00 20.00	
臭氧 O_3	1小时平均	0.16	0.20	0.20	

续表

污染物名称	取值时间	浓度限值			
		一级标准	二级标准	三级标准	浓度单位
铅 Pb	季平均 年平均	1.50 1.00			$\mu g/m^3$ （标准状态）
苯并［a］芘	日平均	0.01			
氟化物	日平均 1小时平均	7① 20①			
氟 F	月平均 植物生长季平均	1.8② 1.2②		3.0③ 2.0③	$\mu g/(dm^2 \cdot d)$

① 适用于城市地区。

② 适用于牧业区和以牧业为主的半农半牧区、蚕桑区。

③ 适用于农业和林业区。

④ 根据2000年国家环保总局环发［2000］1号文，对二氧化氮的二级标准、臭氧的一级和二级标准做了修改，同时取消了氮氧化物指标。

根据区域空气质量的保护目标，将区域按功能分为三类：

一类区为自然保护区、风景名胜区和其他需要特殊保护的地区；二类区为城镇规划中确定的居住区、商业交通居民混合区、文化区、一般工业区和农村地区；三类区为特定工业区。与功能区相对应的空气质量标准（见表4-1），一类区执行一级标准；二类区执行二级标准；三类区执行三级标准。

（2）水环境质量标准。我国的水环境质量标准是根据不同水域及其使用功能分别制定不同的水环境质量标准。水环境质量标准根据所控制对象不同主要有：地表水环境质量标准、地下水质量标准、海水水质标准、渔业水质标准、农田灌溉水质标准、景观娱乐用水水质标准、饮用水标准等。

地表水环境质量标准在所有水环境质量标准中最重要、应用最广泛。它适用于我国江河、湖泊、运河、渠道、水库等具有使用功能的地表水域。地表水环境质量标准基本项目标准限值（见表4-2）。

根据地表水域使用目的和保护目标将水域功能划分为五类：

Ⅰ类主要适用于源头水、国家自然保护区；Ⅱ类主要适用于集中式生活饮用水地表水源地一级保护区、珍稀水生生物栖息地、鱼虾类产卵场、仔稚幼鱼的索饵场等；Ⅲ类主要适用于集中式生活饮用水地表水源地二级保护区、鱼虾类越冬场、洄游通道、水产养殖区等渔业水域及游泳区；Ⅳ类主要适用于一般工业用水区及人体非直接接触的娱乐用水区；Ⅴ类主要适用于农业用水区及一般景观要求水域。

对应地表水上述五类水域功能，将地表水环境质量标准基本项目标准值分为五类，不同功能类别分别执行相应类别的标准值。水域功能类别高的标准值严于水域功能类别低的标准值。同一水域兼有多类使用功能的，执行最高功能类别对应的标准值。

表 4-2　地表水环境质量标准基本项目标准限值（节选）（GB 3838—2002）（mg/L）

序号	分类 标准值项目		Ⅰ	Ⅱ	Ⅲ	Ⅳ	Ⅴ
1	水温/℃		人为造成的环境水温变化应限制在： 周平均最大温升≤1 周平均最大温降≤2				
2	pH 值		6～9				
3	溶解氧	≥	饱和率 90% （或 7.5）	6	5	3	2
4	高锰酸盐指数	≤	2	4	6	10	15
5	化学需氧量（COD）	≤	15	15	20	30	40
6	五日生化需氧量（BOD）	≤	3	3	4	6	10
7	氨氮（NH_3-N）	≤	0.15	0.5	1.0	1.5	2.0
9	总氮（湖、库以 N 计）	≤	0.2	0.5	1.0	1.5	2.0
10	铜	≤	0.01	1.0	1.0	1.0	1.0

（3）土壤环境质量标准。土壤环境质量标准（GB 15618—1995）（见表 4-3）是为贯彻《中华人民共和国环境保护法》，防止土壤污染、保护生态环境、保障农林生产、维护人体健康而制定的。适用于农田、蔬菜地、茶园、果园、牧场、林地、自然保护区等地的土壤。

该标准根据土壤应用功能和保护目标，将其划分为三类：

Ⅰ类主要适用于国家规定的自然保护区（原有背景重金属含量高的除外）、集中式生活饮用水源地、茶园、牧场和其他保护地区的土壤，土壤质量基本保持自然背景水平；Ⅱ类主要适用于一般农田、蔬菜地、茶园、果园、牧场等土壤，土壤质量基本上对植物和环境不造成危害和污染；Ⅲ类主要适用于林地土壤及污染物容量较大的高背景值土壤和矿产附近等地的农田土壤（蔬菜地除外）；土壤质量基本上对植物和环境不造成危害和污染。

土壤质量分为三级：一级标准为保护区域自然生态，维持自然背景的土壤环境质量的限制值，Ⅰ类土壤环境执行一级标准；二级标准为保障农业生产，维护人体健康的土壤限制值，二类土壤环境执行二级标准；三级标准为保障农林业生产和植物正常生长的土壤临界值，三类土壤环境执行三级标准。

表 4-3　土壤环境质量标准值（GB 15618—1995）（mg/kg）

级别		一级	二级			三级
pH 值		自然背景	＜6.5	6.5-7.5	＞	＞6.5
Cd	≤	0.20		7.5		1.0
Hg	≤	0.15	0.30	0.30	0.60	1.5
As			0.30	0.50	1.0	
水田	≤	15				30
旱田	≤	15	30	25	20	40

续表

级别	一级	二级			三级
Cu		40	30	25	
农田等　≤	35				400
果园　≤	—	50	100	100	400
Pb　≤	35	150	200	200	500
Cr		250	300	350	
水田　≤	90				400
旱地　≤	90	250	300	350	300
Zn　≤	100	150	200	250	500
Ni　≤	40	200	250	300	200
六六六　≤	0.05	40	50	60	1.0
滴滴涕　≤	0.05		0.5		1.0

三、污染物排放标准

污染物排放标准与环境质量标准的关系是手段和目标的关系，即污染物排放标准是为了实现环境质量标准目标，结合技术、经济条件和环境特点，对排入环境的污染物或有害因素的控制所做的规定。

污染物排放标准的作用是直接对污染源排出的污染物进行控制，从而达到防止污染、保护环境的目的。各国都根据自己国家的情况制定出不同的污染物排放标准，主要是针对废气、废水和固体废物制定的标准。我国还制定了进口废物环境保护的一系列控制标准，以防止洋垃圾对我国环境造成污染。同时作出了污染物排放标准的辅助规定和污染物控制技术标准，它依据排放标准的要求，结合生产工艺特点，对必须采取的污染物控制措施加以明确规定。如对生产设备规定必须配备何等效率的净化装置，排气中有污染物时对排气筒或烟囱最低高度的限制规定，对生产过程所使用的燃料或原料作明确限定等。这种辅助标准是污染物排放标准在技术上的有力保障。

（1）污水综合排放标准。我国1996年发布的GB 8978—1996污水综合排放标准中将排放的污染物按其性质及控制方式分为两大类：

第一类污染物能在环境或动植物体内蓄积，对人体健康产生长远的不良影响，如含有汞、铬、镉、砷、铅、镍、铍、银、苯并［a］芘及放射性污染物的废水等，一律在车间或车间处理设施排放口采样，规定最高排放浓度。此类废水不经处理决不允许排放。

第二类污染物的长远影响小于第一类，规定的采样点为排污单位排放口，水质指标为：溶解氧DO，生化需氧量BOD5，悬浮固体SS，pH值，大肠菌和各种有毒有害物质（如油脂、挥发酚、氰化物、硫化物、氨氮、氟化物、甲醛、磷酸盐、铜、锌、锰、磷、苯类、总余氯、有机碳等）。

废水排放标准的分级，即废水中污染物最高允许排放浓度的分级，是按废水排放去向——受纳水体的使用功能要求而划分的，其中第二类污染物最高允许排放浓度共分为三级标准，如表4-5和表4-6所示。废水中第一类污染物最高允许排放浓度没有分级，如表4-4所示。

表 4-4　　第一类污染物最高允许排放浓度　　(mg/L)

序　号	污染物	最高允许排放浓度	序　号	污染物	最高允许排放浓度
1	总汞	0.05	8	总镍	1.0
2	烷基汞	未检出	9	苯并［a］芘	0.00003
3	总镉	0.1	10	总铍	0.005
4	总铬	1.5	11	总银	0.5
5	六价铬	0.5	12	总α放射性	1Bq/L
6	总砷	0.5	13	总β放射性	10Bq/L
7	总铅	1.0			

表 4-5　　第二类污染物最高允许排放浓度（节选）

（1997 年 12 月 31 日之前建设的单位）　　(mg/L)

序号	污染物	适用范围	一级标准	二级标准	三级标准
1	pH	一切排污单位	6～9	6～9	6～9
2	石油类	一切排污单位	10	10	30
3	动植物油	一切排污单位	20	20	100
4	挥发酚	一切排污单位	0.5	0.5	2.0
5	总氰化合物	电影洗片（铁氰化合物）	0.5	5.0	5.0
		其他排污单位	0.5	0.5	1.0
6	氨氮	医药、染料、石油化工	15	50	—
		其他排污单位	15	25	—
7	氟化物	黄磷工业	10	20	20
		低氟地区	10	20	30
		其他排污单位	10	10	20
8	总锰	合成脂肪酸工业	2.0	5.0	5.0
		其他排污单位	2.0	2.0	5.0
9	粪大肠菌群数	医院、兽医院等含病原体污水	500 个/L	1000 个/L	5000 个/L
		传染病、结核病院污水	100 个/L	500 个/L	1000 个/L

表 4-6　　第二类污染物最高允许排放浓度（节选）

（1998 年 1 月 1 日之后建设的单位）　　(mg/L)

序号	污染物	适用范围	一级标准	二级标准	三级标准
1	pH	一切排污单位	6～9	6～9	6～9
2	石油类	一切排污单位	5	10	20
3	动植物油	一切排污单位	10	15	100
4	挥发酚	一切排污单位	0.5	0.5	2.0
5	总氰化合物	一切排污单位	0.5	0.5	1.0
6	氨氮	医药、染料、石油化工	15	50	—
		其他排污单位	15	25	—

续表

序号	污染物	适用范围	一级标准	二级标准	三级标准
7	氟化物	黄磷工业	10	15	20
		低氟地区	10	20	30
		其他排污单位	10	10	20
8	总锰	合成脂肪酸工业	2.0	5.0	5.0
		其他排污单位	2.0	2.0	5.0
9	粪大肠菌群数	医院、兽医院等含病原体污水	500个/L	1000个/L	5000个/L
		传染病、结核病院污水	100个/L	500个/L	1000个/L

对上述表中出现的“1997 年 12 月 31 日之前建设的单位”或“1998 年 1 月 1 日之后建设的单位”作如下解释：

其中的“建设”包括改、扩建，建设单位的建设时间是否符合“1997 年 12 月 31 日之前”或“1998 年 1 月 1 日之后”要以环境影响评价报告书批准时间为准。

从表 4-4 可以看出，对于第一类污染物，不分年限、行业、受纳水体的使用功能，一律执行本标准。

从表 4-5 和表 4-6 中可以看出，对于第二类污染物则区分年限、行业、并依据受纳水体的使用功能执行不同标准：

1）重点保护水域（GB 3838—2002 中第三类水域及海洋二类水域）对排入本区水域的废水执行一级标准。

2）一般保护水域（GB 3838—2002 中第四、五类水域及海洋三类水域）对排入本区水域的废水执行二级标准。

3）对排入城镇下水道并进入二级废水处理厂进行生物处理的废水执行三级标准；而对排入未设置二级废水处理厂的城镇下水道的废水，必须根据下水道出水受纳水体的功能要求按 2）或 3）条的规定，分别执行一级或二级标准。

另外，特别需要指出的是，上述受纳水体采用的是浓度控制，而对于特殊保护水域（GB 3838—2002 中第一、二类水域）采用两种措施：①不得新建排污口（即不得排污）；②现有的排污单位要实行总量控制，即通过弄清污染物在环境中的扩散、迁移和转移规律与对污染物的净化规律，计算出受纳水体的环境容量和各排污单位应分担的污染物排放总量。

（2）大气污染物综合排放标准。GB 16297—1996《大气污染物综合排放标准》规定了 33 种大气污染物的排放限值，同时规定了标准执行中的各种要求。在中国现有的大气污染物排放标准体系中，按照综合性排放标准与行业性排放标准不交叉执行的原则，其他项目分别执行各自的标准，如《锅炉大气污染物排放标准》、《工业炉窑大气污染物排放标准》、《火电厂大气污染物排放标准》、《炼焦炉大气污染物排放标准》、《水泥厂大气污染物排放标准》、《恶臭污染物排放标准》、《汽车大气污染物排放标准》和《摩托车排气污染物排放标准》等。

《大气污染物综合排放标准》将现有污染源分为一、二、三级，新污染源分为二、三级，按污染源所在的环境空气质量功能区类别（参见 GB 3095—1996 环境空气质量标准）执行相应级别的最高排放速率标准，即：位于Ⅰ类区的污染源执行一级标准（Ⅰ类区禁止新、扩建污染源，现有污染源改建执行现有污染源的一级标准）；位于Ⅱ类区的污染源执行二级标准；位于Ⅲ类区的污染源执行三级标准。

第一节 环境监测

一、环境监测的概念

环境监测是为了特定目的，按照预先设计的时间和空间，用可以比较的环境信息和资料收集的方法，对一种或多种环境要素或指标进行间断或连续的观察、测定，分析其变化及对环境的影响。环境监测是在环境分析的基础上发展起来的，也是环境质量管理的基础，制定环境保护法规的重要依据。

随着工业和科学的发展，环境监测内容由工业污染源（点源）的监测逐步发展到对大环境（面源）的监测，即监测对象不仅是影响环境质量的污染因子，还延伸到对生物、生态变化的监测。判断环境质量，仅对某一污染物进行某一地点、某一时刻的分析测定是不够的，必须对各种有关污染因素、环境因素在一定范围、时间、空间内进行测定，分析其综合测定数据，才能对环境质量作出确切评价。

二、环境监测的目的

（1）检验和判断环境质量是否符合国家规定的环境质量标准，定期写出环境质量报告书。

（2）判断污染源造成的污染影响——污染物在空间的分布模型，污染最严重的区域；确定防治对策，评价防治措施的效果。

（3）确定污染物浓度分布的现状、发展趋势和发展速度，掌握污染物作用于物理系统和生物系统的规律性，确定污染物的污染途径和管理对策。

（4）研究扩散模式。一方面用于新污染源的环境影响评价，给决策部门提供依据；另一方面为环境污染的预测预报提供数据资料。

（5）积累环境本底的长期监测数据，结合流行病调查资料，为保护人类健康，合理使用自然资源，以及为制定并不断修改环境质量标准提供科学依据。

三、环境监测的原则

环境监测受人力、经济、技术、设备等方面条件的限制，不可能包罗万象地对所有因子都进行监测。一般在选择监测对象时应从以下四方面来考虑：①在实地调查的基础上，针对污染物的特征性质，选择那些毒性大、危害严重、影响范围大的污染物，对于潜在性危害大的污染物也不可忽视；②对确定监测的污染物，必须有可靠的测试手段和有效的分析方法，才能获得有意义的结果；③对监测的数据能够作出正确的解释和判断，要用标准对人体健康及生物系统的影响作出合理的评价，防止监测中的盲目性；④优先监测的原则，考虑的是污染物本身的重要性和迫切性，对影响范围大的污染物要优先监测。如燃烧和汽车排气污染是世界性的问题，对人类健康影响颇大，在大气监测中应优先考虑 SO_x、NO_x、O_3、CO 及颗粒物等项目。当然对那些具有潜在危险，并且污染趋势有可能上升的项目，也应列入优先监测的范围。

四、环境监测的分类

1. 按监测的目的分

（1）研究性监测。研究确定污染物从污染源到受体的运动过程，检定环境中需要注意的污染物。如果监测数据表明存在环境污染问题时，则必须确定污染对人体、生物和其他物体的影响。这类监测系统比较复杂，需要有一定技术专长的人员参加操作，并对监测结果作系统周密地分析。因此必须有多学科的技术人员密切配合、相互协作才能完成。

（2）监视性监测（例行监测）。这类监测包括污染源控制排放监测和环境污染趋势监测，监测环境中有害污染物的变化趋势，评价控制措施的效果，判断环境标准实施的情况和改善环境所取得的进展。其中污染趋势监测基本上是采用各种监测网（如水质监测网、大气监测网等）在设置的监测点上长年累月收集数据，进而进行分析评价的过程。

（3）特定目的监测。多是对事故性污染（如石油溢出事故）进行监测，确定污染范围及其严重性，以便采取对策。因此也称事故性监测。采用的方法包括流动监测、空中监测、遥测、遥感等。

2. 按监测对象不同分

按监测对象不同可分为大气污染监测、水体污染监测、固体废物污染监测、能量污染监测、土壤污染监测和生物污染监测等。

3. 按污染物的性质不同分

按污染物的性质不同可分为化学毒物监测、卫生监测（包括病原菌、病毒、寄生虫、霉菌毒素等的污染）、热污染监测、噪声污染监测、电磁辐射污染监测、放射性污染监测、富营养化监测等。

五、环境监测的质量控制

以人工采样为主的不连续环境监测的过程包括：现场调查—布置采样点—样品采集—样品运送、保存及处理—分析测试—数据处理—质量保证与综合评价等一系列过程。从信息技术角度看，上述过程是环境信息的捕获—传递—解析—综合的过程。只有在对监测信息进行解析、综合的基础上，才能全面、客观、准确地揭示监测数据的内涵，对环境质量及其变化作出正确的评价。即首先根据监测目的要求，进行监测范围内现场调查；根据监测目的要求和现场调查资料，研究确定监测项目、采样点的数目和具体位置，调配采样人员和运输车辆；在确定的采样时间和频率内采集样品并及时送往实验室；按规定的分析方法进行样品分析；将分析数据进行处理和统计检验，并依据规定的有关标准进行综合评价，写出监测报告。

环境监测对象成分复杂、含量低，在时间、空间量级上分布广泛且多变，不易准确测量。在大规模的环境调查中，常需在同一时间内由多个实验室同时参加、同时测定。这就要求各个实验室从采样到监测结果所提供的数据有规定的准确性和可比性。监测数据的准确性决定了环境管理、环境研究、环境治理以及环保执法等各方面的决策正确与否。

环境监测结果将由环境监测过程中各个环节的质量予以保证，但其最终取决于最薄弱的一环。为了获得准确一致的数据，必须进行并加强环境监测质量保证工作。为此，必须做到以下几点：

（1）采样的质量控制。获取具有代表性的样品来进行测试是环境监测成功与否的前提，因此采样是一个关键环节。在采样时要做到：审查采样点的设置和采样时段的选择是否合理；校准采样器、流速和定时器；检查吸附剂；检查采样器放置的位置和高度是否符合采样要求，是否避开了污染源的影响；检查采样管和滤膜的安装是否正确。

（2）样品运输和贮存中的质量保证。在运输过程中采样管不可倾倒，以防吸附剂溢流；

滤膜应完整地封存在洁净袋内，取放时用不锈钢镊子以防污染；在运往实验室的途中，样品应贮存在低于22℃的环境中；暂不分析的样品应保存在冰箱内。

（3）实验室的分析质量控制。实验室的分析质量控制与多方面因素有关，如实验设施和装备、标准品以及分析人员等都是实验室取得可靠数据的重要保证。分析质量控制主要有以下几个方面。

1）分析方法。采用“标准分析方法”或经过协同研究统一的分析方法。

2）实验室内部的质量控制，即实验室内的化学分析或仪器分析各过程的质量控制。实验室内部的质量控制主要有以下几个方面。

①测定精确度和准确度。精确度是指重复测定时的可重复性。用规定的分析方法，重复测定包括一定浓度范围及含有各种干扰物质的样品，可得到重复的标准曲线。在常用的比色分析中，最初的标准曲线应包括空白和用于常规分析的整个浓度范围（但不超过方法要求的上限）的若干个标准（最好8个），每个标准测定若干次（最好7次），每次至少作两个平行样品。根据测定结果计算出各标准组的标准偏差（或称均方根误差），最后用标准偏差极值和研究的浓度范围来表示。准确度是指测定值与已知值或真值之间的差别程度。可通过常规测定所分析的实际样品来获得。将已知量的某种特定组分加到一定浓度范围的各种实际样品中（必须满足精确度的要求），每个样品重复测定若干次（最好7次）。准确度用加标样品最后浓度的回收率表示，每个浓度的回收率应取平均值。

②质量控制图。质量控制图是由表示实验结果的纵坐标和表示时间或结果次序的横坐标组成。表示在图上的上、下控制线是行动的准则，用来判断重复样品间的变异情况。中心线代表平均值或统计测量的标准值。控制图的建立至少需要15～20组重复测定和15～20组加标样品的数据。在日常样品分析中，当标准偏差和回收率符合要求时，说明分析中的各个环节基本上是在控制范围内的。控制图的种类和绘制方法很多，从事此类工作的分析人员可根据具体条件，通过测定绘制适用于本实验室的分析质量控制图。

3）实验室外质量控制。实验室外质量控制是针对使用同一分析方法时，由不同实验室和不同操作人员引起测定误差而提出的。进行这类质量控制是用测定标准参考物或配制标准样品的方法加以确定，其质量控制限一般大于实验室内的质量控制限。

4）报告数据的质量控制。报告数据的质量控制有以下几个方面。

①报告的数据必须是有效的数据。报告数据的专职人员应对采样、检验分析、分解结果的计算等环节的数据进行逐步的核实，对由于采样人员或分析人员的差错，以及样品损伤或破坏等原因造成的错误数据是无效的。

②根据所有实验分析方法的灵敏度报告数据。超出分析方法灵敏度以外的高精度数据是毫无意义的，也是荒谬的。

③由于环境污染物大多有本底浓度，因此对于“未检出”（即0值）和检出限以下的浓度数据，取0至检出极限之间的中间值较为合适，但当测定的各浓度值有25%以上低于最小检出量，则不能用这种中间值代替。

④测定中出现的极值（即高于一般测定结果的高浓度），在没有充分理由说明是错误的情况不能随意弃去，但报告时要加以说明。

⑤在报告直接测定数据的同时，应根据环境管理部门规定的各类环境标准（如大气污染物的最大一次浓度和日平均浓度）进行数据处理，计算出浓度平均值、超标频数、频率等，

并结合采样点和采样时段内的环境影响因素和污染物排放情况，作出综合分析评价。当需要对测定数据作统计处理时，应将各类数据分别作出浓度的频率分布表，并计算出各种参数。对于研究污染物空间分布和时间分布的数据，除报告数据外，还应绘出所测区间的时空分布图。

⑥整理好的数据经反复核准无误后，应按照要求填写各类表格，上报有关环境管理机构，必要时还需对表中数据作文字说明。

六、环境监测系统

(1) 固定监测站。固定监测站是一个装有采样装置、污染物连续监测仪器、参数测定仪器、数据传输及其他辅助装置的实验室，是进行环境监测的基本单位。固定站的选址要求是使采集的样品有足够的代表性，不应靠近污染源和主要的交通干线，站体结构应保证室内有适当的温度和湿度等。

(2) 流动监测站。流动监测站是对各种污染物进行连续自动测量的可移动的监测设施，如大气环境监测车（船）等。它们的任务是：发生紧急污染时作为机动的临时监测站；协助污染普查，以确定固定监测站的位置；作为固定站的备用站。当固定站发生故障时作为替代站；当发现固定站设置不合理时，可作为临时的增设站。

(3) 清洁对照站。清洁对照站又称为背景站，是指在相对于污染区域未被污染或污染较轻处所设的站，目的在于与被污染区域进行对照，用以评价被污染区域各类污染物的污染程度，使评价更加具有客观性。

(4) 连续自动监测系统。连续自动监测系统是对环境质量进行连续自动的采样和测定，并对测定的数据进行传输和处理的实时监测网，它由若干个固定监测站、一个监测中心及数据通信系统这三部分组成。

七、环境监测方案

监测方案是一项监测任务的总体构思和设计，制定监测方案取决于监测目的，首先必须进行实地污染调查，然后在调查研究的基础上，确定监测对象、监测项目，设计监测网点，合理安排采样时间和采样频率，选定采样方法和分析测定技术，提出监测报告要求，制定质量保证措施和方案的实施计划等。现以大气环境监测为例，描述环境监测方案的制定过程。

(1) 污染调查。当污染物从污染源排入大气后，将受到排放方式、污染物特性、气象因素、地形和下垫面光洁度等条件的影响。污染物在大气中的时间分布和空间分布是十分复杂而且多变的，为了达到监测目的，必须掌握它们的变化规律。

1) 污染物的时间分布。大气的湍流运动对大气中的污染物扩散起着重要的作用。由于具有不同能量和体积的气团在一段时间内对空间上某一点作来回的周期性运动，导致污染物也产生相同的周期变化。小尺度的湍流运动，大约为几分钟一个周期，它主要由局地小涡漩运动造成；中尺度的湍流运动则为一日一个周期，受地方性气团运动影响；大尺度的湍流运动则为几日一个周期，受大系统气流运动影响。由于这些不同尺度的湍流运动的周期变化，造成时、日、月、年的周期性的气象变化，同时使污染物浓度也出现了相应的周期变化，这也就是污染物在时间分布上受气象影响的变化规律。另外，还有污染物排放时间的变化规律。根据监测目的所需要的时间分辨率和污染物在时间分布上的变化规律，就可以确定相应的采样周期。

由于监测目的的不同，对污染物的时间分辨率提出了不同要求。例如，要求对感官刺激或植物器官损害进行监测，则需要很高的时间分辨率，如对累积（材料腐蚀）或慢性影响（铅中毒）进行监测，则时间分辨率可以降低。

2）污染物的空间分布。根据监测目标和污染的空间范围，可确定其空间代表性尺度。如小尺度是指一个相当小的气团，它能使地面空气污染浓度产生较大变化；中尺度是指一个城市规模面源排放形成的重叠烟云，它造成的地面空气污染浓度是相当均匀的，例如，大量地面的小污染源给城市地区带来的环境污染分布；大尺度是指空气污染的“区域背景”浓度在几十到几百千米的直线上，污染浓度是相当均匀的。

(2) 监测项目。根据污染调查结果并结合所具备的条件，由监测目的确定监测项目。因为大气中污染物繁多，不可能一一测定，目前是根据有关的大气标准及规范决定监测项目的。

对于大气环境污染的例行监测，规范规定必测项目有：二氧化硫、氮氧化物、总悬浮颗粒物（TSP）、硫氧化物（硫酸盐化速率）、灰尘自然沉降量。选测项目有：一氧化碳、可吸入颗粒物、光化学氧化剂、氟化物、铅、汞、苯并［d］芘、总烃及非甲烷烃。并且规定，只要有条件测定可吸入颗粒物的测点，应尽可能进行可吸入颗粒物的浓度测定。

对于污染源的监测，应根据有关的规范、大气环境质量标准及污染源的特点，选择具有代表性、污染严重的污染物为测定项目。例如，钢铁厂的粉尘、二氧化硫、一氧化碳，人造纤维厂的二硫化碳、硫化氢，电解食盐厂的氯气，冶炼铜厂的二氧化硫，汽车尾气中的一氧化碳、氮氧化物、碳氢化合物等，都应选为测定项目。

对于某些规划设计所必需的监测，其监测项目应根据有关的规范要求和大气标准决定。

(3) 选择分析方法。大气污染分析的方法很多，要根据监测的目的要求、仪器设备条件以及操作人员的技术水平进行选择。由于大气监测大多是微量成分的测定，因此仪器分析是主要的方法，最常用的有分光光度法、原子吸收光谱法、色谱法、离子选择电极法、阳极溶出伏安法等。另外，一些项目采用专用测定仪器。为使测定结果具有可比性，应该按照规范的要求选择通用的分析方法（一般是标准方法）。

目前，有的城市或地区已经建立起大气环境自动监测系统，对大气进行连续自动的监测，获得连续的瞬时大气污染信息，并提供有关统计资料，十分有利于掌握大气污染特征及变化发展趋势，进而为评价环境空气质量提供基础数据。

(4) 监测布点。不同类型的污染源，其污染物的排放迁移和扩散特性不同。只有深刻地认识这种特性，才能为特定的监测目的选择正确的监测点，并通过这些监测点显示污染物在空间的分布和变化。由于不同类型的污染源造成的空气污染体系尺度不同，因此对监测布点的要求也有所差别。

1）小尺度体系监测。这类由大点源和线源造成的局部污染，污染物浓度主要取决于大气扩散的具体过程，受风向、风速湍流影响，浓度变化很大。要监测污染源附近的空气质量，应采用数学扩散模式来帮助确定最佳采样点的位置。可供使用的点源和线源的模式很多，据此可计算污染物最大落地浓度及其方位，可以描绘地面浓度轮廓线，以便判定受到影响的范围，为不同监测目的的选点提供资料。如要判定特定污染源的影响，除在小尺度内确定监测最佳位置外（考虑污染源的污染与背景浓度之和），还需一个位于小尺度体系之外，但又在同一中尺度体系内的另一个监测点，以提供背景浓度，由小尺度体系浓度减去背景浓度，即得到特定源污染浓度。

2）中尺度体系监测。它实际上是对极端分散、排放量小的多个污染源组成的面源进行污染浓度监测，这种污染造成的地面污染浓度是相当均匀的，主要随当地地形和当时的气象条件（如风速和逆温）的影响而变化，它有较明显的日变化和季节变化规律。监测点的数量和位置取决于待测地区的均匀区的变化。均匀区可根据用地类型（如工业区、农业区、居住区等）和气象体系（包括风向、风速、大气稳定度等）来划分。理想的办法是在各均匀区内设置监测点，若受人力、物力限制，可在预计的最高浓度位置设点。

3）大尺度体系监测。这种尺度的污染，由大气环流或大系统气流决定污染物最终的浓度分布。在这里，局部污染影响是不重要的，主要受远源污染物排入大气的速率和污染物在大气中的存留时间决定，故一般表现为区域背景浓度。它的监测应在远离城镇污染源数十千米的农村，在地形、地貌比较一致的区域设点。

4）应用中必须注意的问题。在实际的中尺度监测中，由于各类污染源的分布互相交错，在地形较平坦的城市，受高大建筑物排列的影响，下垫面光洁度变化加大，再加上城市的热岛效应，使一个城市不同地点局地背景浓度差异显著，所以不可能在各类污染浓度均匀区都设立监测点，而只能折中选择能达到一定置信水平的监测点数。有的污染物的化学性质是惰性的，有的则是高度活性的；有的由污染源直接排入大气，有的则经过化学反应在大气中形成。污染物的性质影响大气中污染物分布的均匀性，进而影响污染物监测的必要监测点数及其密度分布。英吉尔斯（1ngels）发现在相距 1～3km 的几对监测站观测的若干种污染物的峰值浓度差异悬殊，其中变异最大者为二氧化硫，最小者为氧化剂。霍兰（Holland）等人对比了活动站与固定站的数据，发现氧化剂及一氧化碳的差异极小。一氧化碳惰性较强，在空气中可存留的时间很长，一般可达数十天至数年。除在交通量大或交通停滞地区，道路两侧几千米距离内污染物浓度变化较大外，在一般地区多属局部背景浓度变化较小者。二氧化硫受各大点源的影响，同时易氧化成硫酸盐，在空气中存留时间仅数小时至数日，因此变化较大。其次是降尘，它的大颗粒部分（100μm 以上）会很快沉降，故在污染源附近变动较大，而在距离较远处相对稳定下来。因此，应该根据它们的这些变化差异来考虑设点数。在二次污染物光化学烟雾及飘尘中的硫酸盐、硝酸盐等，需要考虑它们在迁移过程中生成的过程，所以影响的范围可能较大，这些都是在监测点数和密度上应考虑的问题。

八、环境监测技术发展动向

当前环境监测技术发展主要表现在：①3S 技术广为采用；②监测技术连续自动化；③分析技术联用；④深入开展污染物状态和结构分析；⑤痕量和超痕量分析技术进展迅猛。

（1）遥感技术。遥感技术是一种利用物体反射或辐射电磁波的固有特性，远距离不直接接触物体而识别、测量并分析目标物性质的技术。

遥感技术可以对空间环境和污染源进行无干扰监测，而且可以监测三维空间的环境质量参数，其范围可遍及边远偏僻地区和大气上层空间。具有监测范围广、速度快、成本低，且便于进行长期的动态监测的优点。

卫星遥感技术可应用于空气污染扩散规律研究、水体污染监测、海洋污染监测、城市环境生态与污染监测、环境灾害监测；还可提供沙漠化进程、土地盐渍化和水土流失的情况、生态环境恶化状况以及工业废水和生活污水对水体的污染、石油对海洋的污染等基本状况和发展程度的数据和资料；还可获取生态环境变化的基本数据和图像资料，以现代高新技术为手段全面地、综合地、系统地研究地球在生态环境系统中的各个要素及其相互关系，建立全球尺度上的关系和变化规律。

（2）地理信息系统（GIS 系统）。该系统是在数据库管理系统（DBMS）和计算机辅助设计（CAD）两个比较成熟的软件技术基础上发展起来的，并附加了对空间数据进行管理和分析的特殊功能。GIS 以其混合的数据结构和独特的地理空间分析功能而别具一格。它所提供的专用函数可用来进行测量、坐标变换、图像生成、属性修改、统计分析、拓扑叠加、网络分析等。许多 GIS 产品还采用了工业标准的组件对象模型（COM）技术，为用户进行功能和结构定制拓展了空间。在环境监测过程中，利用 GIS 技术可对实时采集的数据进行存储、处理、显示、分析，实现为环境决策提供辅助手段的目的。如广东省以东深流域自然环境地理信息为基础，对东深流域的监测数据进行存储处理，利用 GIS 技术开发了东深流域水环境管理信息系统。该系统直观显示和分析东深流域水环境现状、污染源分布、水环境质量评价，追踪污染物来源。可结合数字地图查询历年监测数据及各种统计数据，进行空间分析（如缓冲区查询与分析）、辅助决策（容量计算及污染状况的预测）为流域水环境的科学化管理和决策提供了先进的科学手段。

（3）全球定位系统（GPS 系统）。GPS 系统是在卫星多普勒导航系统的基础上发展起来的。由 GPS 卫星星座、地面监控系统、GPS 信号接收机三大部分组成。GPS 具有全天候、高精度、自动化、高效益等显著特点，能快速和方便地测量点、线和面，并记录其所规定的属性信息。它提供的数据能方便地用于建立和管理 GIS 数据库，并广泛应用于应急监测、生态监测、水土调查、地质调查、林业勘探、城市规划等部门。

（4）3S 技术综合运用。GIS、GPS、RS 三项技术（统称 3S 技术）形成了对地球进行空间观测、空间定位及空间分析的完整的技术体系。采用 3S 技术武装环境监测信息管理业务，将对信息管理的科学性、空间性、动态性及业务性等方面带来深刻的影响。

1）3S 技术的应用将有效提高环境监测信息管理的现代化及业务化水平。环境监测信息的最明显特征就是具有空间性。每个污染源、采样点均具有特定的地理位置，环境监测的基本任务就是解决测什么？怎样测？在哪里测？的问题。这方面，GIS 空间信息管理的综合分析能力、遥感技术的空间动态监测能力及 GPS 的高精度定位能力，均为环境监测信息管理工作奠定了技术基础，使其上了一个新台阶。

2）3S 技术的应用将为环境监测信息管理动态化、宏观化提供一种新的技术手段。GIS 技术与遥感技术的结合为环境监测工作提供了一套全新的空对地观测技术及信息分析手段，在目前情况下，对城市的生态环境（植被变化、土地变化、城市化等）及生态脆弱带地区的环境监测有特别重要的意义。

3）3S 技术的应用可以大大提高环境监测信息直接为政府、为公众服务的能力。GIS 技术与遥感技术提供的快速、直观、生动及动态的环境监测信息处理及表征手段，尤其是与多媒体技术的结合，可以将环境监测数据转变成直接能被政府领导决策使用的信息。

4）3S 技术的应用为环境突发灾害事件的监测与评估提供了功能强大的技术支持与保障。GIS 的空间信息综合分析能力，能使人们在实地监测及模型模拟的情况下，快速分析出某一特定污染灾害区域内受灾情况的综合信息，为快速决策、制定应对措施提供一套强有力的信息处理工具。遥感技术可提供实时动态的监测手段，特别是对海洋石油污染、赤潮污染等重大灾害事件的监测与评价，遥感技术已成为主要的监测工具。GPS 的应用，也可为确定灾害发生发展提供快速的定位手段。3S 一体化的监测系统，使人们在常规的监测分析系统之外，又增加了对某些重大的灾害事件作出快速监测与评价的综合能力。

（5）监测技术连续自动化。环境中污染物质的浓度和分布是随时间、空间、气象条件及污染源排放情况等因素的变化而不断改变的，定点、定时人工采样测定结果不能确切反映污染物质的动态变化，难以及时提供污染现状和预测发展趋势。为了及时获得污染物质在环境中的动态变化信息，正确评价污染状况，并为研究污染物扩散、转移和转化规律提供依据，连续自动监测技术得到了蓬勃的发展。

水质、大气质量连续自动的分析监测系统，由采样点的布局、选择、采样、样品处理、分析测试到数据显示与打印都能实现连续自动化，或者将分析仪器连接到计算机上进行程序控制、处理数据和显示分析结果，并对各种图形进行解释，使样品分析全过程自动化。美国在 20 世纪 60 年代，日本在 20 世纪 70 年代初即着手研制，目前美、日已建立了 230 多处连续式或半连续式自动监测站。中国在 20 世纪 80 年代在北京、上海、青岛等 15 个城市建立了地面大气自动监测站，以后又在黄浦江、天津引滦济津河段及吉林化学工业公司、上海宝钢集团公司、武汉钢铁集团公司等大型企业的供排水系统中建立了水质连续自动监测系统，使这项技术有了较快的发展。

当前在自动监测系统方面，一些发达国家已有成熟的技术和产品，如大气、地表水、企业废气、焚烧炉排气、企业废水以及城市综合污水等方面均有成熟的自动连续监测系统。在水质等自动监测系统中，主要使用流动注射法、分光光度法、电化学法、AAS、ICP-AES 等分析技术的结合，来测定 Cl、Ca、Cr、Cu、Pb、Cd、Zn、Bi、Th、U 和稀土类等多种无机成分，以及部分有机物，甚至综合指标，如 COD。相关光谱技术、红外光谱技术、红外扫描、荧光等遥测技术是自动化程度较高的监测技术，可以定点、流动连续监测，也可以进行全球性的跟踪测量，更加全面深入地了解污染物的传递、转移过程，提供更多的环境信息，大大地提高了分析能力和研究水平。但由于仪器昂贵，有的灵敏度较低，有待今后深入研究与发展。

为了适应区域监测、全国性监测，甚至全球性监测的需要，以及实现数据实时传输，目前自动监测系统正在进入网络化阶段。

（6）分析技术联用。分析仪器联用可以取长补短地解决某些分析难题。例如，原子吸收法的灵敏度和选择性好，但样品一般需进行预处理。气相色谱和液相色谱有良好的分离能力，但有的项目灵敏度不高。把原子吸收和气相色谱联用，就变成一种新的有效分析仪器——气相色谱-原子吸收光谱（GC-AAS）联用仪。

气相色谱-质谱联用仪可检测复杂有机混合物，测定相对分子质量和化学结构。再与计算机联用可加速数据处理，快速测定有机化合物，其分析精度高，能对谱图进行自动监测。气相色谱-质谱联用仪已用于监测工厂废气和废水，能同时鉴定工厂排污中 200 种以上的污染物。目前中国的一些城市已用它分析饮用水和水源中的有机物。

新近发展起来的傅里叶红外光谱（Fouriertransforminfrared，FTIR）把灵敏度提高了 2～3个数量级，扫描速度已提高到 0.1s。

（7）污染物的状态与价态分析。研究污染物的起源、迁移分布、相互反应、转化机制、最终归宿和污染效应以及制定环境标准、确定治理措施、监测污染状况等，仅测定元素的总量是不够的，还必须测定污染物的状态和结构，这样才能反映污染物作用于环境的真实面目。例如，不同价态的 Cl 具有不同的毒性，不同结构的石棉粉尘（或硅酸盐粉末）与“矽肺病”的关系不一样。因此，今后探索污染物的状态或价态分析方法是环境分析化学发展的重要方向。

(8) 痕量和超痕量分析技术。20 世纪 70 年代环境科学和宇宙科学的兴起，引起了痕量和超痕量分析技术的蓬勃发展。富集浓缩方法的研究是痕量分析的一个重要方面。目前，虽有不少灵敏度高、选择性好、专一的试剂和方法，但是欲测含量接近或低于试剂的灵敏度或方法的测定下限时，则需预先富集浓缩，常用的方法有液—液萃取、离子交换、层析、共沉淀、离子浮升等。

近来，分子印迹技术被迅速地应用在痕量分析中，如痕量农药的分析。氢化物的气相富集技术可能为超痕量分析的应用开辟新的途径，开发一系列新的高富集效率的并容易释放的氢化物气相富集体系是提高超痕量分析水平的关键。

第五章 环境的规划与管理

第一节 环 境 规 划

《中华人民共和国环境保护法》第四条规定："国家制定的环境保护法规必须纳入国民经济和社会发展规划，国家采取有利于环境保护的经济、技术政策和措施，使环境保护工作同经济建设和社会发展相协调。"第十二条规定："县级以上人民政府环境保护行政主管部门，应当会同有关部门对管辖区范围内的环境状况进行调查和评价，拟定环境保护规划，经计划部门综合平衡后，报同级人民政府批准实施。"将环境规划写入环境保护法中，为制定环境规划提供了法律依据。环境规划在环境管理体系中占有重要位置。

一、环境规划的意义和作用

1. 环境规划的含义

环境规划是指为使环境与社会经济协调发展，把"社会—经济—环境"作为一个复合生态系统，依据社会经济规律、生态规律和生态学原理，对其发展变化趋势进行研究，而对人类自身活动和环境所做的时间和空间的合理安排。它是国民经济和社会发展规划的重要有机组成部分。它是规划管理者对一定时期内的环境保护目标和措施所作出的具体规定，是一种带有指令性的环境保护方案。

一般来说，环境规划应该包括对人类开发活动的要求和环境状况的规定。前者是指确定发展合理的生产规模、产业结构和布局，采取先进的生产工艺和技术，实行正确的产业政策和措施，提出必需的环境保护资金等；后者是指要确定环境质量目标和生态环境状况的要求。

从可持续发展的角度看，环境资源是稀少的，环境的自调能力是有限的。环境规划就是人们为了使环境与社会经济协调发展而对保护环境、维护生态平衡，在时间上、空间上所制定的全面的、长远的计划。

2. 环境规划的作用和意义

人类的社会经济活动必须遵循经济规律及生态规律，实行环境与经济发展相协调的可持续发展战略，以促进社会生产力的持续发展和资源的永续利用。环境规划的目的就在于调控人类经济活动，规范人类自身的行为，减少污染，防止生态破坏，保护资源，协调人与自然的关系，从而保护人类生存和社会、经济持续发展所依赖的基础，实现环境与社会、经济协调发展。所以说，环境规划又是一种克服人类社会经济活动的盲目性和主观随意性的科学的决策活动。

环境保护战略只提出了方向性、指导性的原则、方针、政策，需要通过环境规划来实现。所以，环境规划是实施环境保护战略的具体手段。

环境问题与经济和社会发展联系紧密，因而环境规划与工业发展、能源开发、农业规划密切相关，并在其他各部门的规划中有所体现。所以，环境规划是经济和社会发展的基础和支撑条件。

环境规划有自己独立的内容和体系，环境规划所确定的主要任务，如重大环境污染控制工程和环境建设工程等，都应纳入国民经济和社会发展规划，参与资金综合平衡，保证同步规划，同步实施。所以，环境规划对国民经济和社会发展规划起着重要的补充作用。环境规划的制定与实施是保障国民经济与社会发展规划目标得以实现的重要条件。

环境规划与国民经济和社会发展规划关系最密切的四个部分：一是人口与经济部分；二是生产力布局和产业结构；三是经济发展产生的环境污染；四是国民经济是环境保护资金的保障。

3. 环境规划的原理

在人与环境这个系统中，人类活动可以带来经济效益、社会效益、环境效益，同时也可带来这三方面的损失。在保证环境目标（环境质量）或不超过环境容量的前提下，使所有效益的总和为最大（或所有损失为最小），这就是环境规划原理。也就是说，环境规划通过指导各项环境保护活动的进行，可以最小的投资获取最佳的环境效益，可以保障环境保护活动纳入国民经济和社会发展计划，从而促进环境与经济、社会的协调发展。

4. 环境规划的原则

环境规划制定的主要任务是解决发展经济和保护环境之间的矛盾，达到既能促进和保证经济的可持续发展，又能保护和改善环境质量，保证人民的身体健康，实现经济、社会和环境三者的协调发展。制定环境规划时应注意正确处理局部利益与整体利益，眼前利益与长远利益的关系；正确处理经济、社会发展与保护环境、维护生态平衡的关系。做到瞻前顾后，统筹规划，充分考虑技术进步与控制环境污染的关系。同时又要充分估计到环境问题的复杂性和困难，使规划制定建立在切实可行的基础之上。

因此，制定环境规划，应遵循下述五条基本原则：

（1）综合分析，整体优化原则。坚持前瞻性与可操作性的有机统一。既要立足当前实际，使规划具有可操作性，又要充分考虑发展的需要，使规划具有一定的超前性。

（2）以生态理论和经济规律为依据，正确处理开发建设活动与环境保护的辩证关系。遵循坚持经济建设、城乡建设和环境建设同步规划、同步实施、同步发展的“三同步”方针，实现经济效益、社会效益和环境效益的统一，使环境建设以国民经济发展战略为指导，综合考虑人口、资源、发展、环境之间的辩证关系，实现经济与环境的协调发展。

（3）坚持依靠科技进步的原则，大力发展清洁生产和推广“三废”综合利用，将污染消除在生产过程中。积极采取适宜规模的、先进的、经济的治理技术，发展经济，保护环境。

（4）环境目标可行性原则。

（5）坚持自然资源的开发利用与保护并重的原则，建立以保护资源为核心的环境战略。

二、环境规划的类型和特点

以环境保护和环境建设为主要对象和内容的环境规划，涉及的类型相当广泛。

按照环境组成要素划分，可分为大气污染防治规划、水质污染防治规划、土地利用规划和噪声污染防治规划等。

按其时空界域和作用划分，可分为环境战略规划、国土环境整治规划、中长期环境规划（即通常所说的环境规划）等。

按照规划期限划分，可分为长期规划（大于20年）、中期规划（15年）和短期规划（5

年）。

按照环境规划的对象和目标划分，可分为综合性环境规划和单要素环境规划。

按照性质划分，可分为生态规划、污染综合防治规划和自然保护规划。

1. 环境战略规划

环境战略规划是为确定长期的环境目标和环境保护政策而制定的。它的作用在于指导所有其他类型环境规划的制定，规定环境规划的主要内容和总的方向与任务。

2. 国土环境整治规划

国土环境整治规划是国土规划的重要组成部分，它在综合协调和平衡环境保护与经济开发的关系，拓展环境保护领域以及促进环境规划纳入国民经济和社会发展计划方面起着重要作用。国土环境整治规划融环境污染防治、生态保护与改善以及资源合理利用于一体，宏观地提出目标、任务和重大工程项目，从而为国家或区域（省城）的环境决策提供依据。

3. 环境规划

环境规划是以控制污染为主要内容的中长期环境保护规划，主要目的在于指导五年计划和短期计划的制定。这类规划又称为污染综合防治规划，主要是对农业生产、交通运输、工业生产、城市生活等人类活动对环境造成的污染而规定的防治目标和措施。工业发达国家在一个很长时间内所制定的环境规划大多是这种规划。

环境规划具有不同的层次结构，按照其编制和管理的隶属关系，分为国家级、省区级、地市级以及从部门至行业的不同层次，形成一个多层次的结构体系。各层次环境规划之间的关系是：上一层次的规划是下一层次规划的依据和综合；上一层次的规划对下一层次的规划起指导和约束作用；下一层次规划是上一层次规划的条件和分解，并且是其有机的组成成分和实现的基础。上下层次之间既有区别又密切联系，因而在制定规划时，要上下联系，左右协调，综合平衡，实现整体上的优化。

三、环境规划的基本内容及其编制程序

（一）环境规划的基本内容

环境规划的种类很多，侧重面又不一样，所以内容也不尽相同，但基本内容有相似之处，主要为：环境调查与评价、环境预测、环境功能区划、环境规划目标、环境规划方案的设计、环境规划方案的选择、实施环境规划的支持与保证等。

（二）环境规划的基本编制程序

环境规划过程是一个科学决策过程，其编制程序包括经济、资源、社会、环境现状调查；经济、社会发展及环境影响的预测、评价；确定经济发展目标和环境保护目标；环境规划方案的确定与优化；环境规划方案决策与环境规划方案的实施。

1. 编制环境规划的工作计划

环境规划部门在开展规划工作之前，提出规划编写提纲，并对整个规划工作进行组织和安排，编制各项工作计划。

2. 环境现状调查和评价

环境现状调查和评价是编制环境规划的基础。通过区域内环境质量现状、自然资源现状及相关的社会和经济现状调查，找出存在的主要环境问题，并作出科学分析和评价。

（1）环境调查。环境调查包括环境特征调查、生态调查、污染源调查、环境质量调查、环保治理措施效果的调查以及环境管理现状的调查等。

①环境特征调查：主要有自然环境特征调查（地质地貌，气象条件，水文，土壤，生物资源种类、形状、特性、生态习性，环境背景等）、社会环境特征调查（人口数量与密度分布，产业结构和布局，建筑密度，交通公共设施，产值，农田面积等）、经济社会发展规划调查（规划区的短、中、长期发展目标，国民生产总值，国民收入，工农业生产布局以及人口发展规划，居民住宅发展建设规划，能源结构，水资源利用等）。

②生态调查：环境自净能力、土地开发利用情况、气象条件、绿地覆盖率、人口密度、经济密度、建设密度、能耗密度等。

③污染源调查：工业污染源、农业污染源、生活污染源、交通运输污染源、噪声污染源、放射性和电磁辐射污染源等。

④环境质量调查：主要调查对象是环境保护部门及工厂企业历年的监测资料。

⑤环保治理措施效果的调查：主要是对工程措施的削污量效果以及其综合效益进行分析评价。

⑥环境管理现状的调查：环境管理机构、环境保护工作人员的业务素质、环境政策法规和标准的实施情况、环境监督的实施情况等。

（2）环境质量评价。环境质量评价就是按一定的评价标准和评价方法，对一定区域范围内的环境质量进行定量的描述，以便查明规划区环境质量的历史和现状，确定影响环境质量的主要污染物和主要污染源，掌握规划区环境质量变化规律，预测未来的发展趋势，为规划区的环境规划提供科学依据。

①污染源评价：通过调查、监测和分析研究，找出主要污染物和主要污染源以及污染物的排放方式、途径、特点、排放规律和治理措施等。

②环境污染现状评价：根据对污染源结果和环境监测数据的分析，评价环境污染的程度。

3. 环境预测分析

在环境现状调查和评价的基础上，根据社会经济发展规划，预测社会经济发展对环境的影响及其变化趋势。它是环境决策的重要依据，没有科学的环境预测就不会有科学的环境决策，当然也就不会有科学的环境规划。

环境预测分析主要有污染源预测、环境污染预测、生态环境预测、环境资源破坏和环境污染造成的经济损失预测。

4. 确定环境规划目标

确定恰当的环境目标，即明确所要解决的问题及所达到的程度，是制定环境规划的关键。环境目标就是在一定条件下，决策者对环境质量所想要达到的状况或标准。

确定环境目标要考虑以下几个问题：

（1）要考虑规划区环境特征、性质和功能。

（2）要考虑经济、社会和环境三者效益的统一。

（3）有利于环境质量的政策。

（4）考虑人们生存发展的基本要求。

（5）环境目标和经济发展目标要同步协调。

5. 进行环境规划方案的设计

环境规划设计是根据国家或地区有关政策和规定、环境问题和环境目标、污染状况和污染物削减量、投资能力和效益等，提出环境区划和功能分区以及污染综合防治方案。

（1）拟定环境规划草案。根据环境预测目标以及预测结果的分析，结合区域或部门的财力、物力和管理能力的实际情况，为实现规划目标拟定若干种环境规划草案，以备择优选用。

（2）优选环境规划草案。在对各种规划草案进行系统分析和专家论证的基础上，筛选出最佳环境规划草案。环境规划方案的选择是对各种方案权衡利弊，选择环境、经济和社会综合效益最高的方案。

（3）环境规划方案的确定。根据实现环境规划目标和完成规划任务的要求，对选出的环境规划草案进行修正、补充和调整，形成最后的环境规划方案。

6. 环境规划方案的申报和审批

环境规划方案的申报和审批是整个环境规划编制过程中的重要环节，是把规划方案变成实施方案的的基本途径，也是环境管理中的一项重要工作制度。环境规划方案必须按照一定的程序上报各级决策机关，等待审核批准。

7. 环境规划方案的实施

环境规划方案依照法定程序审批下达后，在环境保护部门的监督管理下，各级政府和有关部门，应根据规划中的具体任务要求，组织各方面的力量，促使规划方案具体实施。

（三）环境规划的实施

环境规划的实施要比环境规划的编制复杂、重要和困难得多。

具体实施如下：

（1）环境规划要纳入国民经济和社会发展规划中。

（2）保证环境保护的资金，提高经济效益。

（3）编制环境保护年度计划。以环境规划为依据，把规划中确定的环境保护任务、目标进行层层分解、落实，使之成为可实施的年度计划。

（4）环境保护实行目标管理，将环境规划目标与政府和企业领导人的责任紧密联系在一起。

（5）环境规划必须定期进行检查和总结。

第二节 环 境 管 理

人类通过大量环境保护的实践，逐步认识到环境问题不只是污染问题，还有自然资源破坏等众多问题。环境治理是一方面，更重要的是对环境进行管理。在发展的同时合理利用环境资源，预防污染，保护生态，改善环境。

一、环境管理的内容和特点

（一）环境管理的概念

狭义的环境管理主要是指控制污染行为的各种措施。广义的环境管理，是指按经济规律和生态规律，运用行政、经济、技术、法律、教育和新闻媒体等手段，通过全面系统地规划，对人们的社会活动进行调整与控制，协调社会、经济发展与环境的关系，达到既发展经济，满足人类的基本需求，又不超出环境的允许极限。环境管理的核心是协调社会、经济与环境的关系，最终实现可持续发展。

（二）环境管理的目的和内容

环境管理的目的是解决环境污染和生态破坏所造成的各类环境问题，保证区域的环境安全，实现区域社会的可持续发展。所以，环境管理的实质就是转变人类社会的一系列基本观念和调整人类社会的行为，促进整个人类社会的可持续发展。

环境管理可以从两个方面来划分：

1. 从管理范围划分

（1）资源环境（生态）管理。资源环境（生态）管理主要是自然资源的保护，包括可更新资源的恢复和扩大再生产，不可更新资源的节约利用和代替资源的开发。为此，要选择最佳方案合理使用资源，尽力采用对环境危害最小的发展技术，同时根据自然资源、社会、经济的具体情况，建立一个新的社会、经济、生态系统。

（2）区域环境管理。区域环境管理主要是协调区域、社会、经济发展目标与环境目标，进行环境影响预测，制定区域环境规划等。包括整个国土的环境管理，经济协作区和省、自治区环境管理，城市环境管理以及水域环境管理等。

（3）专业（部门）环境管理。专业（部门）环境管理包括工业、农业、企业、交通运输、商业和医疗等部门的环境管理以及各行业、企业的环境管理等。

2. 从管理性质划分

（1）环境计划管理。首先要制定好各部门、各行业、各区域的环境保护规划，使之成为社会、经济发展规划的有机组成部分，然后用环境保护规划指导环境保护工作，并根据实际情况检查和调整环境规划。通过计划协调发展与环境的关系，对环境保护加强计划指导，同时，对环境规划的实施情况进行检查和监督。

（2）环境技术管理。制定防治环境污染和环境破坏的技术方针、技术路线和技术政策，制定与环境相关的适宜的技术标准和规范，确定环境科学技术发展方向；组织环境保护的技术咨询和情报服务；组织国内和国际的环境科学技术合作交流等，并对技术发展方向、技术路线、生产工艺和污染防治技术进行环境经济评价，以协调技术、经济发展与环境保护的关系，使科学技术的发展既能促进经济不断发展，又能保护好环境。

（3）环境质量管理。环境质量管理是一种以环境标准为依据，以改善环境质量为目标，以环境质量评价和环境监测为内容的环境管理。主要是组织制定各种环境质量标准、各类污染物排放标准、评价标准及其监测方法、评价方法，组织调查、监测、评价环境质量状况以及预测环境质量变化的趋势，并制定防治环境质量恶化的对策措施。

（三）环境管理的特点

1. 综合性

由于环境管理内容涉及土壤、水、大气、生物等各种环境因素，环境管理的领域涉及经济、社会、政治、自然、科学技术等方面，环境管理的范围涉及国家的各个部门，所以环境管理具有高度的综合性。

2. 区域性

由于环境状况受到地理位置、气候条件、人口密度、资源储量、经济发展、生产布局以及环境容量等多方面的制约，所以环境管理具有明显的区域性。

3. 广泛性

由于每个人都生活在一定的环境中，而人们的活动又作用于环境。所以，环境质量的好坏，同每一个社会成员都有关系，也即环境管理具有广泛性。

4. 政策性

由于环境管理是以环境保护法为前提，依据国家颁布的各种法规、条例、标准行事，而不是为满足某些少数人的特殊要求服务的，因此环境管理具有很强的政策性。

二、环境管理的基本手段及各自的特点

环境管理的手段是指为实现环境管理目标，管理主体针对客体所采取的必需手段。

（一）行政干预

行政干预主要指国家和地方各级行政管理机关，根据国家行政法规所赋予的组织和指挥权力，制定方针、政策，建立法规、颁布标准，进行监督协调，对环境资源保护工作实施行政决策和管理。行政干预是环境保护部门经常采用的手段，如运用行政权力，将某些地区划为自然保扩区、重点治理区、环境保护区；对某些环境危害严重的工业、交通、企业要求限期治理，以至勒令停产、转产或搬迁；对易产生污染的工程设施和项目，采取行政制约手段；对重点城市、地区、水域的防治工作给予必要的资金或技术帮助等。

（二）法律手段

法律手段是环境管理强制性的措施。依法管理环境是控制并消除污染，保障自然资源合理利用，维护生态平衡的重要措施。一方面要靠立法，把国家对环境保护的要求、做法，全部以法律形式固定下来，强制执行。另一方面还要靠执法。管理者代表国家和政府按照环境法规、环境标准来处理环境污染和环境破坏问题，对严重污染和破坏环境的行为提起公诉，直至追究法律责任；对违反环境法规，污染和破坏环境，危害人民健康、财产的单位或个人给予批评、警告、罚款或责令赔偿损失；协助和配合司法机关对违反环境保护法律的犯罪行为进行斗争，协助仲裁等。

目前我国已初步形成了由国家宪法、环境保护基本法、环境保护单行法规和其他部门法中关于环境保护的法律规范等组成的环境保护法体系。一个有法可依、有法必依、执法必严、违法必究的环境保护执法风气在我国已逐渐形成。

背景资料 5-1

环　境　法

环境法是指国家制定或认可的，由国家强制保护执行的关于保护环境和自然资源、防治污染和其他公害的法律规范的总称。环境法的保护对象是国家管辖范围内的人的生存环境。包括自然环境，如土地、大气、水、森林、草原、矿藏、野生动植物、自然保护区、自然历史遗迹、风景游览区和各种自然景观等，同时也包括人们用劳动创造的生存环境，如人为的环境，运河、水库、人造林木、名胜古迹、城市及其他居民点等。

环境法的作用，是通过调整人们（包括组织）在生产、生活及其他活动中所产生的同保护和改善环境有关的各种社会关系，协调社会经济发展与环境保护的关系，把人类活动对环境的污染与破坏限制在最小限度内，维护生态平衡，达到人类社会同自然的协调发展。

背景资料 5-2

我国的环境法律体系

我国的环境法律体系主要包括以下几个方面：

(1) 宪法对保护环境和防治污染作出的规定。《中华人民共和国宪法（1982）》对保护和合理利用自然资源、保护生活环境和生态平衡，作出了规定。

(2) 环境政策法。《中华人民共和国环境保护法（1989）》是我国在环境保护方面的基本法，对环境保护的范围和对象、方针、政策、基本原则、重要防治措施和对策、组织机构等重大问题，作出原则性的规定。

(3) 具体保护性法规。

①保护自然环境的法规，包括有关保护土地、矿藏、森林、草原、河流、湖泊、海洋、大气、野生动植物、自然保护区、风景游览区、名胜古迹、国家公园等的法规等。如《中华人民共和国海洋环境保护法（1982）》、《中华人民共和国森林法（1988）》、（中华人民共和国水法（2002）》等。

②防治污染及其他公害的法规，包括关于防治大气污染和水体污染，控制噪声和振动，防止地面沉降，防治恶臭和热污染，处理废弃物，控制和管理农药及其他有害化学品，防护放射性物质和电磁辐射危害等的法规。如《水污染防治法（1996）》、《大气污染防治法（1995）》、《环境噪声污染防治法（1996）》、《固体废弃物污染环境防治法（1995）》等。

(4) 各种环境质量标准和污染物排放标准。包括水质标准、大气质量标准、污染物排放标准以及与此有关的各种操作规程。如《地表水环境质量标准》（GHZB 1—1999）、《环境空气质量标准》（GB 3095—1996）等。

(5) 关于设置环城管理机构，关于危害环境的法律责任以及处理环境纠纷及其程序等的法规。

(6) 在行政法、刑法、民法、经济法、劳动法等法规中有关环境保护的规定。

（三）经济手段

经济手段是指管理者利用价值规律，运用价格、税收、信贷等经济杠杆，控制生产者在资源开发中的行为，以便限制损害环境的社会经济活动，奖励积极治理污染的单位，促进节约和利用资源，充分发挥价值规律在环境管理中的杠杆作用，即利用价值规律管理环境。经济手段是环境管理中的重要措施，对积极防治环境污染而在经济上有困难的企业、事业单位给予资金援助；对排放污染物超过国家规定标准的单位，按照污染物的种类、数量和浓度征收排污费；对违反规定造成严重污染的单位或个人处以罚款；对排放污染物损害人体健康或造成财产损失的排污单位，责令对受害着赔偿损失；对利用废弃物做生产原料的企业不收原料费；对利用废弃物生产的产品给予减、免税收或其他物质上的优待。此外还有推行开发、利用自然资源的征税制度等。

环境管理经济手段的核心作用是贯彻物质利益原则，通过各种具体的经济措施不断调整各方面的经济利益关系。

企业的行为是经济行为，制约和规范经济行为最有效的手段是经济手段。在环境管理中，要使经济手段发挥应有的作用，经济处罚或收费的额度必须超过其因减少环境保护投入所节省下来的费用，企业才能积极主动地调整自己的经济行为，开展污染预防和治理工作。

背景资料 5-3

世界各国的环境管理经济手段

经济手段的基本目标，是纠正环境问题的外部不经济性，使外部费用内部化。体现这一思想的基本原则就是“污染者付费原则”。该原则由经济合作与发展组织（OECD）提出和推荐，并被各国采用。主要手段如下：

（1）收费——税收。收费被认为是“对污染支付的价格”。污染者必须对其所使用的环境“服务”进行支付，这种支付至少会部分地进入到企业的费用——效益计算中，从而具有刺激作用。同时，收费也具有筹集治理环境资金的作用。主要有：①排污收费。指基于企业所排放的污染物数量或有毒含量收费；②产品收费和课税。对那些在生产过程或消费过程产生污染或需要处理系统的产品进行收费或课税；③管理收费。指控制和授权费以及管理服务的支付。

（2）押金——退款制度。它是在那些具有潜在污染产品的价格之上征收的一个附加费。如污染被避免，该附加费将被退还。其目的是强化废弃物再利用或刺激资源的循环使用。

（3）市场创建。即当事人为实际发生或潜在的污染购买“权利”或者出售“污染权”时，而创建的市场。主要类型有：

①排污交易。指在多个排污源的情况下，通过许可证交易可以使得部分污染源能够突破原有的限制进行排放，但该区域总排放水平不能被突破。

②市场干预。指对那些具有潜在价值的残留物，这些残留物或者被倾倒或者被提供给低价值的处理及再利用。由于再利用产品的市场价格太低，政府必须进行一定水平的补贴以维持这种资源再利用市场的存在与发展。

③责任制。指由政府要求企业对环境损害进行投保，建立废弃物清理与损害的保险责任制度。由于保险金反映可能的环境损害（处罚）或清理成本，刺激企业采用更加安全、对环境损害更少的工艺过程，以降低保险金。

（4）执行鼓励金。它是一种制度，即污染物排放不能达标就要受到“处罚”。形式上包括：先支付，达标后返还；或不达标时进行罚款等两种形式。

（四）宣传教育手段

宣传教育手段是环境管理不可缺少的手段。环境宣传既是一种普及环境科学知识的方式，又是一种思想动员。通过报刊、杂志、电影、电视、广播、展览、报告会、专题讲座、文艺演出等多种形式向全民宣传环境保护的意义，提高全民族的环境意识，激发公民保护环境的热情和积极性，把保护环境、热爱大自然、保护大自然变成自觉行动，形成强大的社会舆论，从而制止浪费资源、破坏环境的行为。同时，组织对环保专业技术干部业务培训，对在职职工和干部进行环境保护教育，提高环境保护人员的业务水平；还可以通过基础的和社会的环境教育提高社会公民的的环境意识，来实现科学管理环境以及提倡社会监督的环境管理措施。

（五）技术手段

技术手段是指管理者借助那些既能提高生产率，又能把对环境污染和生态破坏控制到最小限度的技术，以及先进的污染治理技术等来达到保护环境目的的手段。运用技术手段，实现环境管理的科学化，包括制定环境质量标准；通过环境监测、环境统计等方法，根据环境监测资料以及有关的其他资料对本地区、本部门、本行业污染状况进行调查；编写环境质量报告；组织开展环境影响评价工作；交流推广无污染、少污染的清洁生产工艺及先进治理技术；组织环境科技成果和环境科技情报的交流等。环境政策、法律、法规的制定和实施，环境问题解决的好坏都取决于科学技术。

三、我国的环境政策与管理制度

（一）环境保护是我国的一项基本国策

1983年12月召开的全国第二次环境保护工作会议上，正式颁布了《中华人民共和国环境保护法》。把在实践中行之有效的制度和措施以法律的形式固定下来，这就形成了由环保专门法律和相关法律、国家法规和地方法规相结合的环保法律法规体系。把环境保护确定为中国的一项基本国策，这说明了我国政府对环境保护事业的高度重视。这项基本国策是指导我国环境保护工作的重大方针政策，推动了我国环境保护事业的发展，使环境保护工作进入了一个新的历史阶段。

《环境保护法》共分六章47条。第一章总则，规定立法的宗旨，环境法的定义，环境法的适用范围，国家环境管理体制等。第二章环境监督管理，从强化监督管理为出发点，规定了监督的基本要求和措施。第三章保护和改善环境，从加强各级政府对环境质量的管理出发，对保护和改善环境做了综合性的规定。第四章防治环境污染和其他公害，从各个方面规定防治环境污染和其他公害的要求和措施。第五章法律责任，分别对行政责任、民事责任、刑事责任做了明确的规定。第六章附则。总的来说《环境保护法》主要包括了三方面的内容：一是合理地利用环境与资源，防止环境污染和破坏；二是保护人体健康；三是协调环境与经济的关系，促进经济稳定健康地增长，即经济和环境保护协调发展。

（二）我国环境保护的基本方针

1. 环境保护的“三十二字”方针

1973年全国第一次环境保护工作会议上正式确定了我国环境保护工作的基本方针：“全面规划、合理布局、综合利用、化害为利、依靠群众、大家动手、保护环境、造福人民。”

2. “三同步、三统一”方针

1983年全国第二次环境保护工作会议上提出了“经济建设、城乡建设和环境建设要同步规划、同步实施、同步发展，实现经济效益、社会效益和环境效益的统一。”它是“三十二字”方针的重大发展，也是环境管理理论的新发展。

3. 环境与发展的十大对策

在经济改革开放中，结合我国国情，为了适应经济制度转轨过程中强化环境管理的需要，国家于1992年批准出台了中国环境与发展的十大对策。

（1）实行持续发展战略。

（2）采取有效措施，防治工业污染。

（3）深入开展城市环境综合治理，认真治理城市四害（废水、废气、废渣、噪声）。

（4）提高能源利用效率，改善能源结构。

（5）推广生态农业，坚持不懈地植树造林，切实加强生物多样性的保护。

（6）大力推进科技进步，加强环境科学研究，积极发展环保产业。

（7）运用经济手段保护环境。

（8）加强环境教育，不断提高全民族的环境意识。

（9）健全环境法规，强化环境管理。

（10）参照联合国环境与发展大会精神，制定我国行动计划。

（三）我国环境保护的基本政策

我国环境保护的基本政策是：预防为主，防治结合；谁污染谁治理；强化环境管理。

1. 预防为主，防治结合

"预防为主，防治结合"就是把消除污染、保护环境的措施实施在经济开发与建设过程之前或之中，从根本上消除环境问题产生的根源，从而减轻事后治理所要付出的代价。

环境的污染和破坏，往往是长期积累的结果，生态环境一旦受到破坏，要恢复正常是很困难的。一旦环境受到污染，不仅治理需要很长时间，而且治理花的费用要比预防花的费用高出许多倍。在某些情况下，环境的污染和破坏是无法完全消除和恢复的，对人体健康的危害也是无法避免的。所以环境保护必须以预防为主，防治结合。

2. 谁污染谁治理

谁污染谁治理就是说治理污染、保护环境是生产者不可推卸的责任和义务。因为环境的污染主要是由企业向环境中排放大量污染物造成的，排污单位必须承担污染及破坏的责任，由于污染产生而造成的损害及治理污染所需的费用，都必须由污染者承担和补偿。执行"谁污染谁治理"这项原则，可以促使企业单位重视环境保护工作，加强环境管理。

3. 强化环境管理

加强环境管理必须制定一套比较完整的环境保护方针、政策、法规与标准，并且坚定不移地去执行。

（四）我国环境保护的单项政策

在环境保护基本政策的指导下，我国还确立了各个与环境保护和生态建设有关领域的单项环境保护政策，这些政策可概括为以下五个方面：

（1）工业建设布局的环境保护政策。实行工业建设合理布局政策，包括两个方面的内容：一是新建工业的合理布局，二是老工业不合理布局的改善。主要内容有：

1）实行环境影响评价制度。即在一个工业区的新建或扩建，一个城镇的新建和扩建，一个大型水利工程建设，大面积垦荒，交通干线建设，直至一个工厂的新建或扩建，都要进行环境影响综合评价。

2）在特定的区域不准建设有污染的工业企业。《环保法》第十八条规定："在国务院、国务院有关主管部门和省、自治区、直辖市人民政府划定的风景名胜区、自然保护区和其他需要特别保护的区域内，不得建设污染环境的工业生产设施；建设其他设施，其污染物排放不得超过规定的排放标准。已经建成的设施，其污染物排放超过排放标准的，限期治理。"

3）对布局不合理的老企业实行改造政策。对布局不合理的老企业实行改造政策，逐步使之趋于合理，改造的手段就是关、停、并、转、迁。关，就是对污染严重、危害甚大、靠技术治理难以达到要求的，实行关闭政策。停，就是对那些生产浪费大、污染重、危害大的，实行停产治理。并，就是将那些性质相近、分散生产，污染严重的产品实行合并生产。转，就是将那些污染严重的产品，向无污染和轻污染的产品转产。迁，就是将那些布局不合理、污染严重、就地治理难以达到环境要求的，实行搬迁措施。

4）城市规划布局政策。进行城市整体规划，实行环境功能分区，按照环境特点合理安排工业区、商业区、居住区、文教区、风景游览区以及其他功能区域。

（2）能源环境保护政策。我国总的能源政策是：在今后一个相当长的时期内，要优先开发煤炭和水电，以煤炭为主要能源，积极提高水电在一次能源中的比重；大力勘探开发石油和天然气，提高使用的经济效益。在严重缺乏能源的地区，有计划地建设核电站。广大农村要努力发展沼气和薪柴林，积极开展新能源的实验工作。我国能源环保政策的主要内容是：

1）城市能源环保政策。近期主要包括：改变煤炭供应中的不合理状况，尽可能将低硫分、低挥发分的优质煤供给民用；推广型煤。除了推广民用型煤外，还要积极推广工业型煤；推广无烟固体燃料；联片供热；新建区不准再走一楼一炉的取暖方式，对原有分散的小锅炉，要作出规划，分期分批进行改造。远期主要包括：煤气化；集中供热；炊事电气化。

2）农村能源环保政策。近期主要包括：推广省柴灶；营造薪柴林；积极发展沼气；增加生活用煤。远期主要包括：因地制宜地充分利用各种可再生能源；发展沼气和薪柴林的同时，发展小水电、太阳能、地能、风能和潮汐能等。

3）工业、能源环保政策。主要包括：工业环保政策，即调整能耗高、环境与经济效益差的企业和产品；开发有利于环境的能源技术；回收可燃气体；热能综合利用。煤炭工业的环保政策，即注意在高硫煤矿区发展洗煤、筛分；鼓励坑口电站烧劣质煤；淘汰小土焦。工业锅炉的消烟除尘。新出厂的锅炉质量要符合“安全可靠，节煤节电，消烟除尘”的要求，烟尘排放浓度超标的不得出厂；年限过久的老式锅炉 5 年内须淘汰更新，不得异地转让；发展多种类型锅炉，以适应我国多种燃料的特点；加强对公司炉工的岗位培训。

（3）水域环境保护政策。总的来说是节约用水，控制污染，合理利用水资源。主要内容为：

1）压缩耗水量。主要措施是城市使用水源的单位，均纳入用水计划，实行计划用水、定额供水，对于超量用水部分，采取累进加价收费。

2）压缩排污量。要从水资源的综合利用入手，通过加强企业管理、技术改造、“三废”资源化以及排污收费等措施，尽可能把污染物控制在生产过程中，最大限度地压缩排污量。

3）对工业废水中的污染物实行分类、分级和总量控制。重点是重金属和难降解有机物。对于重金属，要严格控制，使之在车间或厂内达标排放；对于其他有机物实行总量控制和集中处理。

4）因地制宜，建立城市污水系统。

5）发展净化技术，研究并推广处理量大，效果好的净化设备。

（4）自然环境保护政策。我国自然环境保护的总政策是合理利用自然资源，防止生态系统的退化和破坏；发展经济和保护自然资源相结合；实现自然资源的永续利用。具体政策是：

1）调整农业结构、布局，实行农、林、牧、渔全面发展的方针。按照自然规律和各地的环境特征，宜农则农，宜林则林，宜牧则牧，宜渔则渔，积极发展多种经营。

2）保护植被，控制水土流失。主要对策是：广泛种树草，保护草原，合理垦荒。

3）保护珍贵的野生动植物资源。总的政策是：保护、发展和合理利用。

（5）有利于环保的经济技术政策。主要内容包括：鼓励综合利用，实现化害为利、变废为宝；在技术改造中采取控制工业污染的措施；全面实行污染物排放超标收费，并逐步向排污收费过渡；实行“污染者付费，开发者保护”的政策。

（五）我国现行的环境管理制度

我国环境保护三大政策，在实践中不断深化、细化，逐渐形成了一系列环境管理制度。包括老三项（即环境影响评价制度、“三同时”制度和排污收费制度）和新五项（排污许可证制度、环境保护目标责任制、城市环境综合整治定量考核制度、污染集中处理制度、污染限期治理制度）等八项制度和措施。这些制度和措施把行政管理同经济手段、国家监督同宣传教育、法律强制同技术指导结合起来，初步形成了符合国情的环境保护政策体系。

1. 环境影响评价制度

国务院有关部门、设区的市级以上地方人民政府及其有关部门，对其组织编制的土地利用的有关规划，区域、流域、海域的建设、开发利用规划，应当在规划编制过程中组织进行环境影响评价，编写该规划有关环境影响的篇章或者说明。编写有关环境影响的篇章或者说明，应当对规划实施后可能造成的环境影响作出分析、预测和评估，提出预防或者减轻不良环境影响的对策和措施，作为规划草案的组成部分一并报送规划审批机关。未编写有关环境影响的篇章或者说明的规划草案，审批机关不予审批。

国务院有关部门、设区的市级以上地方人民政府及其有关部门，对其组织编制的工业、农业、畜牧业、林业、能源、水利、交通、城市建设、旅游、自然资源开发的有关专项规划，应当在该专项规划草案上报审批前，组织进行环境影响评价，并向审批该专项规划的机关提交环境影响报告书。

进行环境影响评价的规划的具体范围，由国务院环境保护行政主管部门会同国务院有关部门规定，报国务院批准。

专项规划的环境影响报告书应当包括下列内容：

（1）实施该规划对环境可能造成影响的分析、预测和评估。

（2）预防或者减轻不良环境影响的对策和措施。

（3）环境影响评价的结论。

专项规划的编制机关对可能造成不良环境影响并直接涉及公众环境权益的规划，应当在该规划草案报送审批前，举行论证会、听证会，或者采取其他形式，征求有关单位、专家和公众对环境影响报告书草案的意见。国家规定需要保密的情形除外。

编制机关应当认真考虑有关单位、专家和公众对环境影响报告书草案的意见，并应当在报送审查的环境影响报告书中附有对意见采纳或者不采纳的说明。

专项规划的编制机关在报批规划草案时，应当将环境影响报告书一并附送审批机关审查；未附送环境影响报告书的，审批机关不予审批。

设区的市级以上人民政府在审批专项规划草案，作出决策前，应当先由人民政府指定的环境保护行政主管部门或者其他部门召集有关部门代表和专家组成审查小组，对环境影响报告书进行审查。审查小组应当提出书面审查意见。

设区的市级以上人民政府或者省级以上人民政府有关部门在审批专项规划草案时，应当将环境影响报告书结论以及审查意见作为决策的重要依据。在审批中未采纳环境影响报告书结论以及审查意见的，应当作出说明，并存档备查。

对环境有重大影响的规划实施后，编制机关应当及时组织环境影响的跟踪评价，并将评价结果报告审批机关；发现有明显不良环境影响的，应当及时提出改进措施。

2. “三同时”制度

“三同时”制度为我国首创，产生于20世纪70年代初的防污工作实践中。要求新建、改建、扩建项目和技术改造项目、自然开发项目，以及可能对环境造成损害的工程建设，其防治污染及其他公害的措施，必须同主体工程同时设计、同时施工、同时投产。这是一个避免先污染后治理的措施。

3. 排污收费制度

要求工业企业在生产过程中不排放超过国家标准的污染物，如果超过国家标准，就按照规定向企业征收排污染费。这项制度是运用经济手段有效地促进污染治理和新技术的发展，又能使污染者承担一定污染防治费用的法律制度。

4. 环境保护目标责任制

环境保护目标责任制是一种具体落实地方各级人民政府和由污染的单位对环境质量负责的行政管理制度。规定各级政府领导人在当地环境质量改善方面，要做到在自己任期内达到规定的要求和目标，每年要向公众公布实施进度，并作为政绩考核的一项内容。

5. 城市环境综合整治定量考核制度

所谓城市环境综合整治，就是把城市环境作为一个系统、一个整体，对城市环境进行综合规划、综合管理、综合控制，以最小的投入换取最优的城市环境质量。

为了衡量城市的环境保护状况，把城市环境质量和环保工作确定为考核指标。每年进行一次考核，考核结果向公众公布，并作为城市政府领导人政绩考核的一个方面。

6. 排污许可证制度

排污许可证制度是以改善环境质量为目标，以控制污染物总量为基础，对排污的种类、数量、性质、去向、方式等的具体规定，是一项具有法律含义的行政管理制度。我国目前主要推行水污染物排放许可证制度。

7. 污染限期治理制度

污染限期治理就是在污染源调查、评价的基础上，以环境保护规划为依据，突出重点，分期分批地对污染危害严重、群众反映强烈的污染物、污染源、污染区域采取限定治理时间、治理内容及治理效果的强制性措施，是人民政府为保护人民的利益对排污单位和个人采取的法律手段。

8. 污染集中控制制度

污染集中控制是指污染控制走集中与分散，以集中控制为主的方向，以便充分发挥规模效应的作用。

四、清洁生产与ISO14000环境管理体系

（一）清洁生产定义及内容

1. 清洁生产（CP）定义

联合国环境署对清洁生产的定义为：清洁生产是关于产品的生产过程的一种新的、创造性的思想，该思想将整体预防的环境战略持续应用于生产过程、产品和服务中，以增加生态效应和减少人类及环境的风险。对生产过程，要求节约材料和能源，淘汰有毒原材料，减降所有废弃物的数量和毒性；对产品，要求减少从原材料提炼到产品最终处置的全生命周期的不利影响；要求将环境因素纳入设计和所提供的服务中。在我国通常指无废少废工艺。

2. 清洁生产内容

清洁生产既是一种体现于宏观层次的总体污染预防战略，又可以从微观上体现于企业采取的预防污染措施。在宏观上，清洁生产的提出和实施使环境进入决策，如工业行业的发展规划、工业布局、产业结构调整、技术发行以及管理模式的完善等都要体现污染预防的思想。如我国许多行业、部门提出严格限制和禁止能源消耗高、资源浪费大，污染严重的产业、产品的发展，对污染重、质量低、消耗高的产品实行关、停、并、转等，都体现了清洁生产战略对宏观调控的重要影响，也体现着工业管理部门对清洁生产日益深刻的认识。在微

观上，清洁生产通过具体的手段措施达到工业全过程的污染预防。如清洁工艺、环境管理体系、产品环境标志、产品生态设计、全生命周期分析等，用清洁的生产工艺技术，生产出清洁的产品。

针对某个企业而言，推行清洁生产主要应用清洁生产审计，即由企业对正在进行或计划进行的工业生产进行预防污染分析和评估。在检查有关单元操作、原材料、耗水、耗能、废物的来源、数量以及类型的基础上，通过全过程定量评估，运用投入—产出的经济学原理找出不合理排污点位，制定削减排污方案，从而获得可观的经济效益和环境效益，提高企业管理水平。

（二）ISO14000 环境管理体系

1. ISO14000 环境管理体系的定义

国际标准组织认为：ISO14000 环境管理体系是整个管理体系的一部分，管理体系的这一部分包括制定、实施、实现、评价和持续环境政策所需要的组织结构、规划活动、责任、实践、步骤、流程和资源。ISO14000 环境管理体系旨在指导并规范企业（及其他所有组织）建立先进的体系，引导企业建立自我约束机制和科学管理的管理行为标准。它适用于任何规模的组织，也可以与其他管理要求相结合，帮助企业实现环境目标与经济目标。

2. ISO14000 环境管理体系的内容

ISO14000 环境管理体系是集近年来世界环境管理领域的最新经验与实践于一体的先进体系，它主要通过建立、实施一整套环境管理体系，达到持续改进、预防污染的目的。其核心内容包括持续改进、污染预防、环境政策、环境项目或行动计划，环境管理与生产操作相结合，监督、度量和保持记录的步骤；纠正和预防行动 EMS 审计、管理层的评审；厂内信息传播及培训厂外交流等。

ISO14000 环境管理体系是企业为提高自身环境形象，减少环境污染，选择的一个管理性措施。企业一旦建立起符合 ISO14000 的环境管理体系，并经过权威部门认证，不仅可以向外界表明自己的承诺和良好的环境形象，而且从企业内部开始实现一种全过程科学管理的系统行为。

（三）清洁生产与 ISO14000 环境管理体系的相互关系

(1) 清洁生产是一种新的、创造性的、高层次的，包含性极大、哲理性很强的环境战略思想。而 ISO14000 环境管理体系是一种操作层次的、具体性的、界面很明确的管理手段。

(2) 从企业层面上看，清洁生产能够给企业带来直接的经济效益，用较低的投入削减较多量的污染物。通过清洁生产和环境工程措施实现污染物排放达标控制，提高管理水平，全方位改善企业的环境形象，在国家认可的有资格的清洁生产指导中心和清洁生产环境审核工程师的指导下，围绕三个效益，持续发展，不断推动企业技术行政进步，使之成为一种企业前进的永恒动力。而实施 ISO14000 环境管理体系，企业必须定期进行内部评审，还需要有第三方认证机构对其进行规范的、有权威的认证。经过论证的企业可以获得对外公布良好形象的证明，以此证明在贸易、贷款、产品、信誉等方面获得良好环境形象与企业形象来增加经济收益。现代企业把清洁生产这种永恒的动力和国际公认的 ISO14000 的认证结合起来，相辅相承，在国际、国内激烈的市场竞争中将立于不败之地。

(3) 从技术层面上看，企业清洁生产审计的技术内涵比较广泛，从无毒原料替代，改进工艺流程，优化仪器设备，强化企业管理，提高全员素质等方面进行全程核查，提出经济可行的备用方案付诸实施，以实现持续性预防污染。ISO14000 环境管理体系的技术内涵一般表现在环境因素的分析上，更多的是管理方面的内容，其核心就是建立符合国际规范的标准化环境管理体系，其着眼点在于管理运行机制的建立。

(4) 从预期目标上看，清洁生产审计以不断提出节能、降耗、减污、提质、增效为目标的持续清洁生产。而 ISO14000 环境管理体系则是通过一个运作良好的体系，对环境因素实行不断控制和将这种控制有序化，在获得第三方认证后取得向公众展示的证明。

(5) 从实施角度上看，实施了清洁生产审计的企业，不能认为通过了 ISO14000 的认证。同样通过了 ISO14000 认证的企业也不能认为实施了清洁生产审计。二者可以分开进行，也可以相互依托地并轨实施，但不能相互替代。

ISO14000 环境管理体系是实现清洁生产思想的手段之一，清洁生产是整个经济社会追求的目的。实施清洁生产不能脱离一个完整的 ISO14000 环境管理体系的支持与保证，同时，ISO14000 环境管理体系支持着清洁生产的持续实施，且不断地丰富着清洁生产思想的具体内容。

参 考 文 献

[1] 联合国环境规划署. 全球环境展望. 第3版. 北京：中国环境科学出版社，2002.
[2] 钱易、唐孝炎主编. 环境保护与可持续发展. 北京：高等教育出版社，2000.
[3] 蒋展鹏. 环境工程学. 北京：高等教育出版社，2002.
[4] 高廷耀. 水污染控制工程. 北京：高等教育出版社，2002.
[5] 毛健雄，等. 煤的清洁燃烧. 北京：清华大学出版社，1996.
[6] 战友. 环境保护概论. 北京：化学工业出版社，2004.
[7] 曲格平. 环境保护知识读本. 北京：红旗出版社，1999.
[8] 刘天齐，等. 环境保护. 北京：化学工业出版社，1996.
[9] 林肇信，等. 环境保护概论. 北京：高等教育出版社，1999.
[10] 郑长聚，等. 环境工程手册. 北京：高等教育出版社，1999.
[11] 朱蓓丽. 环境工程概论. 北京：科学出版社，2001.
[12] 刘天齐，等. 环境保护通论. 北京：中国环境科学出版社，1997.
[13] 刘培桐主编. 环境学概论. 北京：高等教育出版社，1985.
[14] "中国生物多样性保护行动计划"总报告编写组. 中国生物多样性保护行动计划. 北京：中国环境科学出版社，1994.
[15] 中国21世纪议程——中国21世纪人口、环境与发展白皮书. 北京：中国环境科学出版社，1994.
[16] 国家环境保护局. 中国环境保护21世纪议程. 北京：中国环境科学出版社，1995.
[17] 陈耀邦，等. 可持续发展战略读本. 北京：中国计划出版社，1996.
[18] 郑易生，等. 深度忧虑——当代中国可持续发展问题. 北京：今日中国出版社，1998.
[19] 曲格平. 中国环境管理. 北京：中国环境科学出版社，1989.
[20] 刘天齐主编. 环境管理. 北京：中国环境科学出版社，1990.
[21] 金瑞林主编. 环境法学. 北京：北京大学出版社，1990.
[22] 李训贵主编. 环境与可持续发展. 北京：高等教育出版社，2004.
[23] 陈秀娟. 实用噪声与振动控制. 北京：化学工业出版社，1996.
[24] 张秀宝，等. 大气环境污染概论. 北京：中国环境科学出版社，1989.
[25] 朱亦仁主编. 环境污染治理技术. 北京：中国环境科学出版社，1998.
[26] 李焰主编. 环境科学导论. 北京：中国电力出版社，2000.
[27] 郝吉明，等. 大气污染控制工程. 北京：高等教育出版社，2002.
[28] 盛连喜主编. 现代环境科学导论. 北京：化学工业出版社，2002.
[29] 叶文虎. 环境管理学. 北京：高等教育出版社，2000.
[30] 朱庚申. 环境管理学. 北京：中国环境科学出版社，2002.
[31] 金瑞林主编. 环境保护与资源法. 北京：高等教育出版社，1999.
[32] 国家环境保护局编. 环境管理体系审核指南（ISO14000标准）. 北京：中国环境科学出版社，1996.
[33] 张维平. 21世纪的环境管理——论ISO14000环境管理体系标准. 环境科学进展，1998. 6（2）：85～89.